Fundamentos de química

Vivian Cristina Spier

Rua Clara Vendramin, 58 | Mossunguê
CEP 81200-170 | Curitiba-PR | Brasil
Fone: (41) 2106-4170
www.intersaberes.com
editora@intersaberes.com

Conselho editorial
- Dr. Alexandre Coutinho Pagliarini
- Drª Elena Godoy
- Dr. Neri dos Santos
- Dr. Ulf Gregor Baranow

Editora-chefe
- Lindsay Azambuja

Gerente editorial
- Ariadne Nunes Wenger

Assistente editorial
- Daniela Viroli Pereira Pinto

Preparação de originais
- Fabrícia E. de Souza

Edição de texto
- Letra & Língua
- Millefoglie Serviços de Edição
- Tiago Krelling Marinaska

Capa e projeto gráfico
- Luana Machado Amaro (*design*)
- Gorodenkoff/Shutterstock (imagem)

Diagramação
- Cassiano Darela

***Designer* responsável**
- Luana Machado Amaro

Iconografia
- Regina Claudia Cruz Prestes
- Maria Elisa Sonda

Dados Internacionais de Catalogação na Publicação (CIP)
(Câmara Brasileira do Livro, SP, Brasil)

Spier, Vivian Cristina
  Fundamentos de química / Vivian Cristina Spier.
--Curitiba : Editora Intersaberes, 2022. --(Série fundamentos da química)

Bibliografia.
ISBN 978-65-5517-062-7

1. Química I. Título II. Série.

22-125426   CDD-540

Índices para catálogo sistemático:

1. Química   540
    Cibele Maria Dias - Bibliotecária - CRB-8/9427

1ª edição, 2023.

Foi feito o depósito legal.

Informamos que é de inteira responsabilidade da autora a emissão de conceitos.

Nenhuma parte desta publicação poderá ser reproduzida por qualquer meio ou forma sem a prévia autorização da Editora InterSaberes.

A violação dos direitos autorais é crime estabelecido na Lei n. 9.610/1998 e punido pelo art. 184 do Código Penal.

Sumário

Apresentação □ 5
Como aproveitar ao máximo este livro □ 6

Capítulo 1
Elementos químicos □ 10
1.1 Modelos atômicos □ 13
1.2 Estrutura atômica □ 19
1.3 Elementos químicos □ 24
1.4 Tabela periódica □ 26

Capítulo 2
Ligações químicas □ 59
2.1 Elétrons de valência e a regra do octeto □ 60
2.2 Natureza das ligações químicas □ 65
2.3 Forças intermoleculares □ 91
2.4 Ligação metálica □ 99
2.5 Propriedades da matéria □ 101
2.6 Influência das ligações químicas nas propriedades dos materiais □ 107
2.3 Forças intermoleculares □ 91
2.4 Ligação metálica □ 99
2.5 Propriedades da matéria □ 101
2.6 Influência das ligações químicas nas propriedades dos materiais □ 107
2.3 Forças intermoleculares □ 91
2.4 Ligação metálica □ 99
2.5 Propriedades da matéria □ 101
2.6 Influência das ligações químicas nas propriedades dos materiais □ 107

Capítulo 3
Misturas ◻ 115
3.1 Misturas homogêneas e heterogêneas ◻ 117
3.2 Tipos de misturas ◻ 120
3.3 Separação de misturas ◻ 124

Capítulo 4
Funções inorgânicas 144
4.1 Ácidos e bases ◻ 145
4.2 Óxidos ◻ 163
4.3 Sais ◻ 170

Capítulo 5
Indicadores de potencial hidrogeniônico (pH) ◻ 181
5.1 Potencial hidrogeniônico (pH) e potencial hidroxiliônico (pOH) ◻ 182
5.2 Indicadores de pH ◻ 185
5.3 Soluções-tampão ◻ 190

Capítulo 6
Reações químicas ◻ 203
6.1 Fatores que impulsionam as reações ◻ 208
6.2 Fatores termodinâmicos e cinéticos ◻ 211
6.3 Classificação das reações inorgânicas ◻ 217
6.4 Tipos de reações ◻ 223
6.5 Equação química ◻ 238
6.6 Número de mol e massa molar ◻ 241
6.7 Cálculos químicos ◻ 244
6.8 Reagente limitante e reagente em excesso ◻ 248
6.9 Rendimento de reações ◻ 253

Considerações finais ◻ 264
Referências ◻ 265
Bibliografia comentada ◻ 266
Respostas ◻ 268
Sobre a autora ◻ 279

Apresentação

A química está em tudo, em absolutamente tudo o que você possa imaginar. Cada ser humano é um aglomerado de compostos químicos. No planeta Terra e até fora dele, em tudo estão presentes os elementos químicos. O avanço da tecnologia e o conforto de que desfrutamos hoje é resultado da melhoria dos materiais, graças ao rearranjo de elementos químicos com a obtenção de novas substâncias. Esse esforço das indústrias de diversas áreas tem gerado novos métodos de interação dos elementos químicos.

Nesta obra, nosso propósito é introduzir conceitos e teorias fundamentais da química de modo gradual e didático, para que você, leitor(a), assimile novos conhecimentos e compreenda fenômenos complexos do cotidiano.

Como aproveitar ao máximo este livro

Empregamos nesta obra recursos que visam enriquecer seu aprendizado, facilitar a compreensão dos conteúdos e tornar a leitura mais dinâmica. Conheça a seguir cada uma dessas ferramentas e saiba como elas estão distribuídas no decorrer deste livro para bem aproveitá-las.

Introdução do capítulo
Logo na abertura do capítulo, informamos os temas de estudo e os objetivos de aprendizagem que serão nele abrangidos, fazendo considerações preliminares sobre as temáticas em foco.

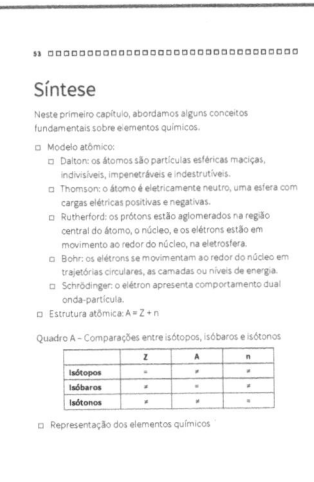

Síntese

Ao final de cada capítulo, relacionamos as principais informações nele abordadas a fim de que você avalie as conclusões a que chegou, confirmando-as ou redefinindo-as.

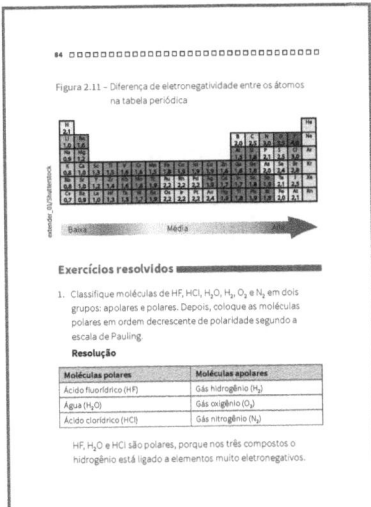

Exercícios resolvidos

Nesta seção, você acompanhará passo a passo a resolução de alguns problemas complexos que envolvem os assuntos trabalhados no capítulo.

Atividades de autoavaliação

Apresentamos estas questões objetivas para que você verifique o grau de assimilação dos conceitos examinados, motivando-se a progredir em seus estudos.

Atividades de aprendizagem

Aqui apresentamos questões que aproximam conhecimentos teóricos e práticos a fim de que você analise criticamente determinado assunto.

Bibliografia comentada

Nesta seção, comentamos algumas obras de referência para o estudo dos temas examinados ao longo do livro.

Bibliografia comentada

ATKINS, P.; JONES, L. **Princípios de química**: questionando a vida moderna e o meio ambiente. 5. ed. Porto Alegre: Bookman, 2011.

Este livro apresenta a química como algo dinâmico e atual. Concebido como um curso rigoroso de química introdutória, encoraja o(a) leitor(a) a pensar e desenvolver compreensão sólida da química, desafiando(a) a questionar e a obter um nível mais alto de entendimento da matéria. Mostra a relação entre as ideias químicas fundamentais e suas aplicações. Enfatiza as técnicas e aplicações modernas. Inicia com um retrato detalhado do átomo para, a partir daí, construir o conhecimento de maneira lógica, mostrando como resolver problemas, pensar a natureza e a matéria e visualizar conceitos químicos e suas aplicações.

ATKINS, P.; SHRIVER, D. F. **Química inorgânica**. 4. ed. Porto Alegre: Bookman, 2008.

Trata-se de uma tradução do livro de língua inglesa publicado em 2006. Os autores discorrem sobre os fundamentos, os elementos e seus componentes, e abordam a fronteira da química inorgânica com outras áreas. De modo geral, é uma obra densa, panorâmica e muito bem exemplificada e ilustrada. É um livro que esclarece alguns conceitos não abordados nos tópicos específicos da química inorgânica de coordenação.

LEE, J. D. **Química inorgânica não tão concisa**. 5. ed. São Paulo: E. Blücher, 1999.

Esse escrito apresenta de maneira clara e concisa os tópicos mais relevantes da química inorgânica, introduzindo conceitos teóricos e aspectos descritivos dos vários blocos de elementos da tabela periódica. Em razão da riqueza de informações, pode ser considerada uma obra

Capítulo 1

Elementos químicos

Desde a Antiguidade, há registros de transformações químicas feitas para diferentes fins. Esses processos químicos utilizados pelas antigas civilizações diferem daqueles que atualmente são empregados pela indústria, por exemplo. Não obstante, demonstram que esse conhecimento foi útil para o ser humano ao longo de toda a sua história e tem evoluído.

Por volta do século III a.C., os egípcios realizavam processos como fabricação de cerâmicas, extração de corantes, produção de vidro, fermentação de cerveja, além do processo de mumificação. Com as diferentes técnicas de preparo de materiais, surgiu a alquimia, uma ciência inseparável e interdependente da filosofia e das religiões orientais.

A **alquimia** apresentava quatro pilares: (1) transformar metais em ouro, a pedra filosofal; (2) produzir o elixir da vida, chamado de *panaceia*, um remédio para garantir a imortalidade e a cura de todos os males; (3) enriquecer a nobreza; e (4) produzir homúnculos.

Na busca pelo conhecimento "químico", os alquimistas foram os primeiros a produzir inúmeras substâncias químicas e, embora não pudessem explicar como os fenômenos ocorriam, valiam-se de estudos que avançaram por meio da observação da natureza, da utilização de materiais e da criação de instrumentos e aparelhos. Desse modo, deixaram suas marcas com os experimentos realizados, e as muitas descobertas abriram caminho para a formação da ciência química, com fatores fundamentais para o desenvolvimento das ciências naturais modernas.

Na Grécia, por volta de 320 a.C., o filósofo Empédocles formulou a teoria segundo a qual os materiais seriam formados por quatro elementos: terra, fogo, ar e água. Era uma tentativa de explicar a natureza da matéria. Essa teoria foi chamada de *teoria dos quatro elementos básicos da natureza* e foi reforçada por Aristóteles. A matéria foi, então, organizada como: quente e frio, seco e úmido, ou seja, a matéria era formada por esses quatro elementos básicos e as demais substâncias naturais seriam combinações desses elementos. Hoje, sabe-se que a matéria é constituída de átomos, e não desses quatro elementos básicos, mas isso só foi possível com o avanço tecnológico, quando esses conceitos foram reformulados e embasados em experimentos. Assim, a química passou a ter um caráter científico.

Leucipo e Demócrito foram os primeiros filósofos que formularam a ideia de um limite para o tamanho das partículas e que levantaram a hipótese de que tudo seria formado por pequenas partículas indivisíveis, as quais denominaram *átomos*. Essa palavra vem do grego: o prefixo *a-* significa "não"; *tomo* quer dizer "parte"; ou seja, *átomo* significa "sem partes" ou "indivisível". Logo, o átomo seria o menor componente de toda matéria existente e seria impossível dividi-lo em partes menores.

No entanto, esses pensamentos não foram aceitos pela comunidade grega da época. Só depois de milênios é que os primeiros modelos atômicos começaram a surgir.

A seguir, apresentaremos a evolução das teorias atômicas e a organização dos elementos na tabela periódica.

1.1 Modelos atômicos

Mesmo com toda a tecnologia disponível e o avanço científico, ainda não é possível descrever com precisão a constituição da matéria, mas se sabe do que ela é feita. A dificuldade em descrever de maneira precisa advém da escala nanométrica da matéria; por isso, modelos explicativos e matemáticos são utilizados para representar e comprovar as propriedades e o comportamento dos diferentes materiais.

Figura 1.1 – Modelos atômicos no decorrer do tempo

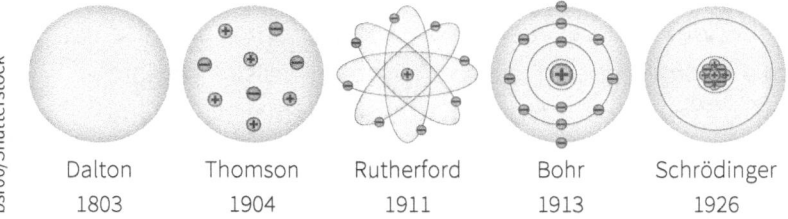

| Dalton | Thomson | Rutherford | Bohr | Schrödinger |
| 1803 | 1904 | 1911 | 1913 | 1926 |

bsr00/Shutterstock

Esses modelos, os quais detalharemos a seguir, não podem ser considerados como verdades absolutas, e isso fica evidenciado com a história das ciências, que apresenta a evolução dos modelos atômicos.

Modelo atômico de Dalton (1803)

Para o químico inglês John Dalton (1766-1844), as ideias de Leucipo e Demócrito eram coerentes. Assim, propôs que os átomos seriam as menores partículas possíveis, esféricas, maciças e indivisíveis, semelhantes a uma bola de bilhar; o mesmo elemento teria a mesma massa e as mesmas propriedades.

Modelo atômico de Thomson (1904)

Na Grécia Antiga, o filósofo Tales de Mileto descreveu a natureza elétrica da matéria, mas o modelo de Dalton não explicava como uma matéria neutra podia ficar elétrica. Com a descoberta do elétron, o modelo de Dalton ficou defasado; assim, um século depois, com os estudos de Joseph John Thomson (1856-1940), um novo modelo foi idealizado.

Foi Thomson quem propôs que o átomo seria divisível, representado por uma esfera com carga elétrica positiva, rodeado com carga negativa, ambas distribuídas uniformemente, sendo o átomo eletricamente neutro. Esse modelo é mais conhecido como *pudim de passas* e foi proposto com base em experimentos com raios catódicos. Foi nesse momento que se estabeleceu a teoria da natureza elétrica da matéria, e que se afirmou que o elétron seria constituinte de todos os tipos de matéria. Ainda, observou-se que a relação entre carga do elétron (q) e massa do elétron (m) seria igual a $q/m = +1,76 \cdot 10^8 \, C \cdot g^{-1}$, sendo a mesma para qualquer gás empregado nas experiências.

Modelo atômico de Rutherford (1911)

O físico neozelandês Ernest Rutherford (1871-1937) lançou partículas alfa emitidas pelo elemento radioativo polônio contra uma placa de ouro. Esperava-se que, se o átomo fosse maciço, as partículas alfa não atravessariam o obstáculo, mas a maioria das partículas atravessou a placa, poucas sofreram desvios e outras retornaram. As partículas que atravessaram indicavam que o átomo não era maciço, mas dotado de grande espaço vazio, o que mostrava que era constituído por um núcleo positivo rodeado de cargas negativas. No núcleo, estaria a maior parte da massa do átomo, pois este rebatia as partículas alfa no sentido contrário do bombardeio. As cargas elétricas negativas seriam compostas de elétrons, circulantes em órbitas ao redor do núcleo.

Por esse motivo, o modelo atômico de Rutherford ficou conhecido como *modelo planetário*, no qual os elétrons se movem em órbitas circulares ao redor do núcleo.

A física clássica assume que carga positiva atrai carga negativa; então os elétrons, ao girarem em torno do núcleo, perderiam gradativamente sua energia e passariam a apresentar um movimento helicoidal, colidindo com o núcleo.

O modelo proposto por Rutherford não foi capaz de explicar por que não ocorre esse colapso da estrutura atômica. Foi Bohr que, utilizando conceitos da física moderna, aperfeiçoou o modelo e respondeu a essa questão. Por essa razão, a estrutura atômica de Bohr também é conhecida por *modelo atômico de Rutherford-Bohr.*

Modelo atômico de Bohr (1913)

Esse modelo baseia-se nos conceitos de Rutherford e foi acrescido de energia quântica. O físico dinamarquês Niels Bohr (1885-1962) mostrou que os elétrons, ao serem acelerados, emitem energia. Quanto maior sua energia, mais afastado o elétron fica do núcleo do átomo. Isso indica que os elétrons circulam ao redor do núcleo na mesma órbita de modo fixo e constante, o que os impede de cair.

Bohr apresentou os seguintes postulados:

- Os elétrons orbitam o núcleo porque estão em um estado permitido, ou seja, a energia é quantizada. Cada órbita tem um valor correspondente de n (1, 2, 3...), os chamados *níveis de energia*. Os elétrons se movem apenas nessas órbitas, e esse movimento ocorre graças à atração entre o elétron e o núcleo. Atualmente, são conhecidos sete níveis de energia ou camadas eletrônicas. Cada um desses níveis tem limite máximo de elétrons, conforme mostrado no quadro a seguir.

Quadro 1.1 – Níveis de energia atômica

Nível energético	Camadas eletrônicas	Número máximo de elétrons
1	K	2
2	L	8
3	M	18
4	N	32
5	O	32
6	P	18
7	Q	2

- Os elétrons circulam nas órbitas, e, nesse movimento, sua energia total permanece constante enquanto circula em uma única órbita.
- Quando um elétron absorve uma energia, salta para uma órbita com maior energia. Nesse movimento, absorve radiação eletromagnética, conhecida como *quantum de energia*. Ao retornar à órbita original, emite a mesma

quantidade de radiação absorvida. Esses saltos energéticos produzem energia na forma de luz em determinados comprimentos de onda.

O modelo de Bohr está vinculado à mecânica quântica. A partir da década de 1920, outros cientistas, particularmente Sommerfeld, Schrödinger, Broglie e Heisenberg, contribuíram para a representação do modelo da estrutura atômica atualmente aceita.

Modelo atômico de Schrödinger (1926)

Antes de apresentarmos o modelo atômico vigente, de Schrödinger, é preciso destacarmos que, em 1914, Arnold Sommerfeld (1868-1951) acrescentou um detalhe importante ao modelo de Rutherford-Bohr: que os elétrons giram em órbitas elípticas e, por isso, podem estar mais próximos ou mais afastados do núcleo. Essa afirmação sugere que a velocidade dos elétrons varia.

Louis de Broglie (1892-1987) sugeriu que o elétron, em seu movimento ao redor do núcleo, tinha associado a ele um comprimento de onda particular. Ele propôs que o comprimento de onda característico do elétron ou de qualquer outra partícula depende de sua massa, **m**, e de sua velocidade, **v**.

O princípio da incerteza, postulado em 1927 por Werner Heisenberg (1901-1976), trata do comportamento das partículas quânticas. Esse princípio descreve que é impossível especificar simultaneamente, com arbitrária precisão, o momento (que é o produto escalar da velocidade pela massa) e a posição de uma partícula, pois, assim que se determina uma medida, a outra já se alterou.

A função de onda de Erwin Schrödinger (1887-1961) está relacionada com a probabilidade de as partículas assumirem qualquer estado energético no decurso do tempo. Portanto, essa função não aponta a posição da partícula, mas a probabilidade de a partícula assumir certo valor energético em dado momento. Assim, Schrödinger descartou a ideia de órbitas ao redor do núcleo atômico. A região na qual os elétrons se encontram se assemelharia mais a nuvens eletrônicas; e o orbital é o espaço ao redor do núcleo em que é muito grande a probabilidade de se localizar o elétron.

Fica evidente, então, que o modelo atômico ideal está em constante evolução, conforme se descobrem novas informações acerca da estrutura íntima da matéria.

O prêmio Nobel é concedido como reconhecimento a pessoas ou instituições que realizaram pesquisas, descobertas ou contribuições notáveis para a humanidade. Os prêmios de Química, Literatura, Paz, Física e Medicina foram concedidos pela primeira vez em 1901.

Os únicos cientistas que contribuíram para a evolução do modelo atômico e não foram laureados com o Nobel são Dalton e Sommerfeld, que foi indicado 84 vezes para o Nobel de Física, mas nenhuma das indicações lhe rendeu o prêmio.

Thomson, considerado o pai do elétron, recebeu o Nobel de Física em 1906. Seu filho, George Paget Thomson, também recebeu o Nobel em 1937, por comprovar as propriedades ondulatórias do elétron, uma descoberta que prova o princípio de dualidade onda-partícula inicialmente proposto por Louis de Broglie.

Rutherford foi premiado com o Nobel de Química em 1908; já Bohr recebeu o Nobel de Física em 1922.

O mais jovem a conquistar o Nobel de Física foi Louis de Broglie, aos 37 anos de idade, em 1929.

Em 1932, Heisenberg recebeu o Nobel de Física. Já Schrödinger, que propôs um experimento mental conhecido como *gato de Schrödinger*, recebeu o Nobel de Física em 1933 (The Nobel Prize, 2022).

1.2 Estrutura atômica

O átomo é dividido em duas regiões: o **núcleo**, formado por prótons e nêutrons, e a **eletrosfera**, composta de elétrons.

Figura 1.2 – Divisão do átomo em núcleo e eletrosfera

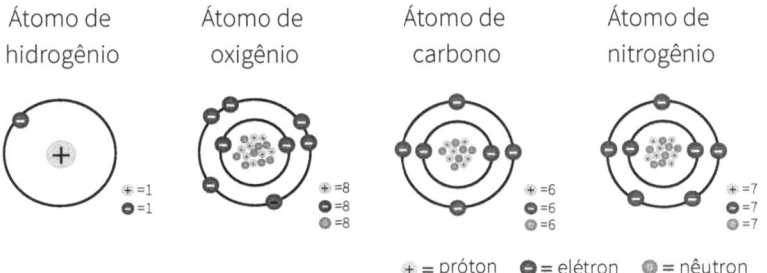

O átomo em seu estado fundamental é neutro, pois as quantidades de cargas negativas dos elétrons anulam as cargas positivas dos prótons. Na formação das ligações químicas, os átomos podem compartilhar ou ganhar/perder elétrons entre dois ou mais átomos. No quadro a seguir, constam a massa e a carga das partículas que constituem um átomo. Note que a massa do elétron é muito pequena se comparada à massa do próton e do nêutron, razão pela qual a massa do elétron pode ser desprezada.

Quadro 1.2 – Massa e carga das partículas

Partícula	Massa (u)	Carga (C)
Elétron	$5{,}4858 \cdot 10^{-4}$	$-1{,}602 \cdot 10^{-19}$
Próton	$1{,}00728$	$+1{,}602 \cdot 10^{-19}$
Nêutron	$1{,}00866$	0

A massa atômica (A) é a soma de prótons e nêutrons do núcleo de um átomo, medida em unidade de massa atômica, representada por **u.m.a.**, ou simplesmente **u**.

$A = n + P$

Porque o átomo é muito leve, foi preciso padronizar a medida de massa atômica. O átomo de carbono foi usado como referência, e as massas dos demais átomos estão relacionadas ao padrão de 1 u.m.a. (unidade de massa atômica), o que indica quantas vezes um átomo pesa mais do que 1/12 do carbono.

Essa unidade equivale a $1{,}66 \cdot 10^{-24}$ g; a massa atômica dos elementos é uma média ponderada de seus isótopos. Logo, a massa atômica é uma média dos diversos isótopos que existem na natureza, considerando sua abundância; por exemplo: na natureza, há dois tipos de cobre, com massas diferentes:

69,09% de cobre (A = 63), com massa atômica = 62,93 u
30,91% de cobre (A = 65), com massa atômica = 64,93 u

$$\frac{(69{,}09 \cdot 62{,}93) + (30{,}91 \cdot 64{,}93)}{100} = 63{,}55\,u$$

Isoátomos são átomos que guardam alguma característica subatômica em comum, são os pares ou mais átomos que apresentam semelhanças no que se refere ao seu número de partículas fundamentais – prótons, nêutrons e/ou elétrons.

Isótopos

São os átomos de um mesmo elemento químico com o mesmo número atômico (Z), porém com massas atômicas (A) diferentes, ou seja, diferem no número de nêutrons. Exemplos: $_6C^{11}$, $_6C^{12}$, $_6C^{13}$, $_6C^{14}$; $_1H^1$, $_1H^2$, $_1H^3$.

Figura 1.3 – Átomos isótopos

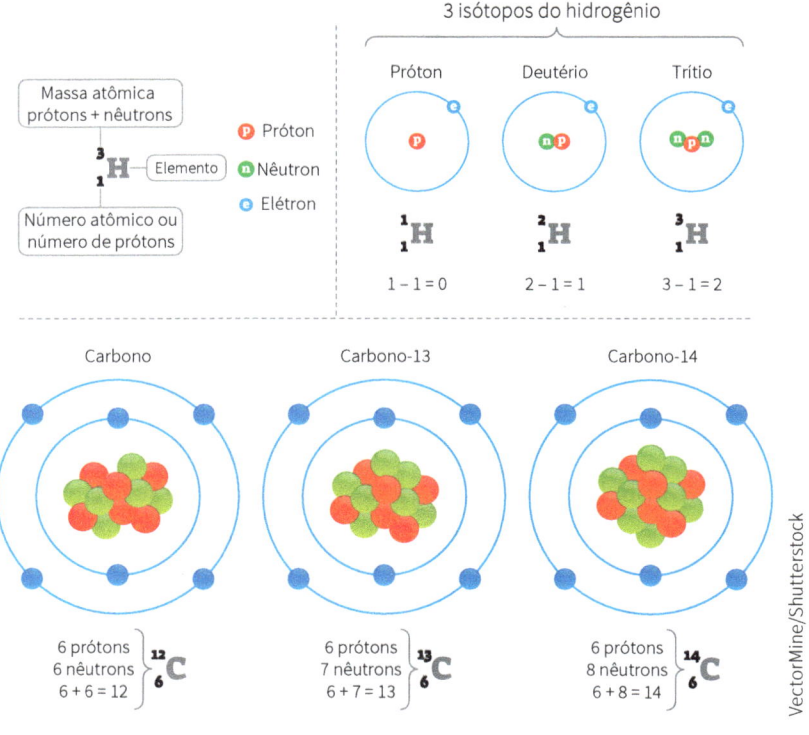

Isóbaros

São os átomos de elementos químicos distintos que têm a mesma massa atômica (A), mas que se diferem no número atômico (Z).

Quadro 1.3 – Átomos isóbaros

$^{40}_{19}K$	$^{40}_{20}Ca$
19 prótons	20 prótons
19 elétrons	20 elétrons
21 nêutrons	20 nêutrons

Isótonos

São os átomos de diferentes elementos químicos que apresentam a mesma quantidade de nêutrons no núcleo, mas que se diferem no número atômico (Z) e no número de massa (A).

Quadro 1.4 – Átomos isótonos

$^{19}_{9}F$	$^{20}_{10}Ne$
9 prótons	10 prótons
9 elétrons	10 elétrons
10 nêutrons	10 nêutrons

Exercícios resolvidos

1. O átomo de magnésio apresenta 12 elétrons e 12 nêutrons. Qual é o número atômico e qual é o número de massa atômica desse elemento?

   Resolução

   $Z = p = e^-$

   $Z = 12$

   $A = Z + n$

   $A = 12 + 12 = 24$

2. O carbono-14 é um elemento radioativo que emite partículas β e que é usado em datação de fósseis. Apresenta massa atômica 14 e número atômico 6. Calcule o número de nêutrons do ^{14}C.

Resolução

A = Z + n

14 = 6 + n

n = 8

1.3 Elementos químicos

Elemento químico é o conjunto de átomos com o mesmo número atômico. O número atômico (Z) identifica e diferencia os elementos químicos entre si, determinando a quantidade de prótons de um átomo – que é igual à quantidade de elétrons de um átomo em seu estado fundamental.

Um elemento químico pode ser representado pelo **símbolo do elemento** com o número de massa atômica (A) sobrescrito e o número atômico (Z) subscrito.

$$^{A}_{Z}X$$

A maioria dos elementos químicos não é encontrada isolada na natureza, mas somente na forma de seus compostos. Os únicos elementos encontrados na forma livre são os gases nobres (família 18 da tabela periódica). Isso significa que todas as substâncias que formam o corpo humano e as coisas que o cercam são formadas por combinações desses elementos químicos, as moléculas.

Molécula é um grupo de átomos, iguais ou diferentes, que se mantêm unidos e que não podem ser separados sem afetar as propriedades das substâncias. De maneira análoga à massa atômica, a massa molecular (M) é a soma das massas atômicas dos átomos que compõem uma molécula, expressa em **u** ou **u.m.a.**, que é igual a g/mol. A massa da molécula de dada substância é calculada pela soma das massas atômicas de todos os átomos constituintes. Por exemplo, a massa molecular da água é 18 u:

$$H = 1\ u \cdot 2 = 2\ u$$

$$O = 16\ u$$

$$H_2O = 18\ u$$

Quando ocorre o processo de ionização, formam-se átomos eletricamente carregados em razão do ganho ou da perda de elétrons, provocando um desequilíbrio na quantidade de cargas do átomo. Lembre-se de que:

$$Z = \text{número de prótons} = \text{número de elétrons}$$

Se o átomo perde 1 elétron, forma um íon positivo, chamado de *cátion*, e o íon tem carga positiva porque a carga residual do átomo tem 1 próton a mais no núcleo do que elétrons. Se o átomo ganha 1 elétron, forma um íon negativo, chamado de *ânion*, e o íon tem carga negativa porque a carga residual do átomo tem 1 elétron a mais do que a quantidade de prótons no núcleo. Representamos os íons com o sinal da carga residual, por exemplo: Na^+ ou Cl^-.

Descrevemos o número de átomos, moléculas e íons por meio da unidade chamada de *mol*. Um mol contém sempre o mesmo número de partículas, não importa a substância.

A constante de Avogadro é definida como o número de átomos presentes em 12 g do carbono-12:

$$6{,}02214076 \cdot 10^{23} \text{ mol}^{-1}$$

A molécula de água apresenta massa molecular igual a 18 g.mol^{-1}. Logo, em 18 g de água existem $6{,}022 \cdot 10^{23}$ moléculas.

Em suma, um **mol** é a quantidade de uma substância que apresenta o número de unidades fundamentais (átomos, moléculas ou outras partículas) igual ao número de átomos presentes em exatamente 12 g do isótopo do carbono-12.

1.4 Tabela periódica

A tabela periódica está organizada em ordem crescente de número atômico. Os elementos com comportamentos similares estão agrupados na mesma coluna, conhecida por *grupo* ou *família*. A tabela periódica tem 118 elementos; destes, 92 são naturais e 26, artificiais. Em dezembro de 2015, aconteceu a última atualização da tabela, com a inclusão de quatro novos elementos, o que é feito pela International Union of Pure and Applied Chemistry (Iupac – em português, União Internacional de Química Pura e Aplicada).

Figura 1.4 – Tabela periódica atual (2015)

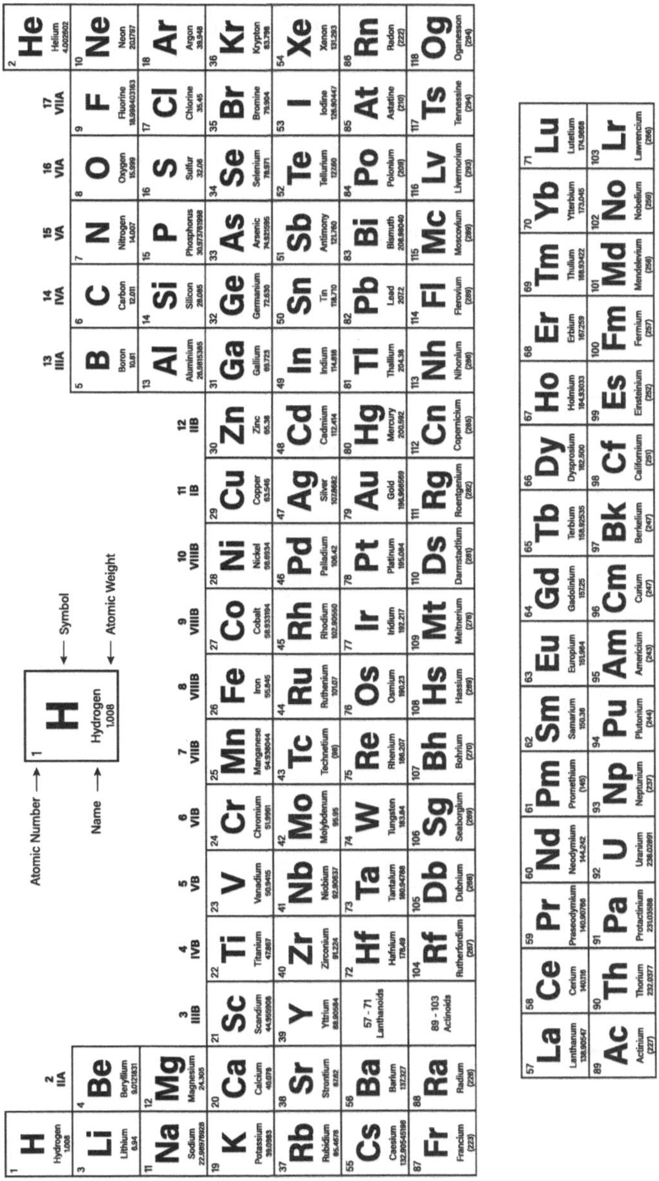

Humdan/Shutterstock

Para clarificarmos como os dados estão dispostos na tabela, explicaremos a seguir a configuração eletrônica dos átomos.

1.4.1 Configuração eletrônica

As teorias da mecânica quântica, definidas por Planck, De Broglie, Schrödinger e Heisenberg, auxiliaram na identificação dos elétrons. Os números quânticos são os modelos que informam localização e identificação da posição do elétron na órbita de um átomo, são eles:

- **Número quântico principal (n)**: representa os níveis de energia, ou seja, a camada eletrônica na qual está o elétron. As camadas eletrônicas K, L, M, N, O, P e Q representam, respectivamente, os números quânticos principais 1, 2, 3, 4, 5, 6 e 7.
- **Número quântico secundário ou do momento angular**: representa os subníveis de energia s, p, d, f, mais conhecido por orbitais.
- **Número quântico magnético (m)**: indica a órbita em que os elétrons se encontram. O subnível s tem 1 orbital, p tem 3 orbitais, d tem 5 orbitais e f tem 7 orbitais.
- **Número quântico de spin (s)**: indica o sentido de rotação do elétron. Quando o orbital de um subnível é negativo, a rotação do elétron ocorre no sentido negativo (−1/2); quando o orbital de um subnível é positivo, a rotação ocorre no sentido positivo (+1/2).

A distribuição eletrônica corresponde ao modo como os elementos químicos são ordenados conforme seu número atômico, que representa a quantidade prótons presentes no núcleo, igual a de elétrons. A distribuição eletrônica de um átomo no estado fundamental informa sua localização na tabela periódica. Linus Pauling (1901-1994) propôs uma forma de organizar os subníveis de energia em ordem crescente, o que deu origem a um esquema conhecido como *diagrama de energia de Pauling*.

Ao se aplicar o diagrama de Linus Pauling, percorre-se as linhas diagonais no sentido indicado pelas setas. Cada subnível de energia deve ser preenchido com os números máximos de elétrons para cada camada eletrônica, até o número atômico do elemento (Z = prótons = elétrons).

Figura 1.5 – Diagrama da distribuição eletrônica

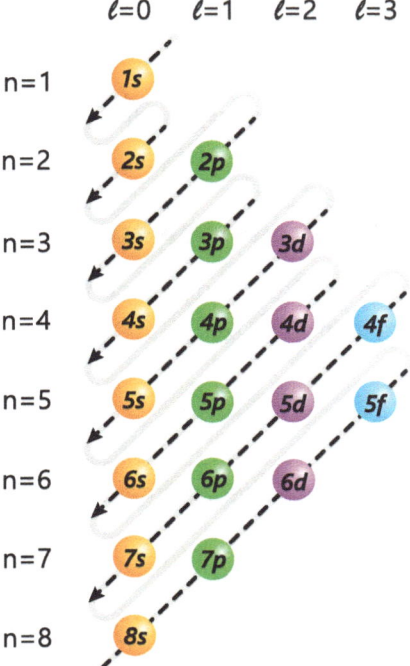

A distribuição eletrônica em ordem crescente de energia é:

$1s^2\ 2s^2\ 2p^6\ 3s^2\ 3p^6\ 4s^2\ 3d^{10}\ 4p^6\ 5s^2\ 4d^{10}\ 5p^6\ 6s^2\ 4f^{14}\ 5d^{10}\ 6p^6\ 7s^2\ 5f^{14}\ 6d^{10}\ 7p^6$

Por exemplo, o átomo de hidrogênio, que tem Z = 1, tem a seguinte distribuição eletrônica:

$$1s^1$$

Em que:

s = subnível energético

1 = primeiro nível de energia, na camada K

Expoente 1 = número de elétrons existentes nesse subnível

O **estado fundamental** de um átomo é aquele em que todos os seus elétrons estão dispostos nos níveis mais baixos de energia disponíveis. O estado fundamental também é conhecido como *estado estacionário*, e corresponde a um estado de mínima energia possível.

Exercício resolvido

1. Faça a distribuição eletrônica do elemento Ferro (Fe), que apresenta número atômico 26.

    Resolução

    Dado: Fe (Z = 26)

    A distribuição eletrônica é representada da seguinte maneira:

    $1s^2\ 2s^2\ 2p^6\ 3s^2\ 3p^6\ 4s^2\ 3d^6$

A soma dos números expoentes totalizam 26, ou seja, é o número total de elétrons presentes no átomo de ferro.

Lembre-se de que, no modelo de Bohr, há um **limite máximo de elétrons por camada**. Para cada orbital, os limites são estes:

s = 2 elétrons

p = 6 elétrons

d = 10 elétrons

f = 14 elétrons

1.4.2 Organização da tabela periódica

Com o intuito de organizar os elementos já conhecidos, em 1869, o químico russo Dmitri Mendeleev (1834-1907) criou uma tabela que agrupava os elementos químicos conforme suas propriedades.

Atualmente, as representações e a nomenclatura dos elementos químicos são organizadas pela Iupac. Os símbolos químicos adotados foram propostos pelo químico sueco Jöns Jackob Berzelius (1779-1848), que utilizou o latim como idioma principal para dar os nomes. O símbolo do elemento químico é representado por uma letra maiúscula e, quando necessário, uma segunda letra, minúscula. Muitos elementos químicos apresentam propriedades semelhantes, as quais se repetem em períodos regulares; por essa razão, foram agrupados na tabela periódica em ordem crescente de número atômico. Junto do símbolo, também são indicadas as principais características do elemento, que são o número atômico, a massa atômica e a configuração eletrônica, isto é, a disposição dos elétrons nos níveis ou camadas ao redor do núcleo.

A tabela periódica está organizada nos chamados *períodos* ou *séries*, que são as sete linhas horizontais, indicando que os elementos têm o mesmo número da camada eletrônica (n). Algumas linhas horizontais se tornariam muito extensas aplicando-se esse critério; por isso, é comum representar a série dos lantanídeos e a dos actinídeos à parte dos demais elementos.

As famílias, ou grupos, são as colunas verticais da tabela periódica. Ao todo, há 18 grupos, subdivididos em:

- **família A**: contém sete grupos e inclui os elementos representativos;
- **família B**: contém dez grupos e inclui os elementos de transição, também chamados de *metais de transição*;
- **família dos gases nobres**.

As semelhanças entre os elementos de uma mesma família se justificam porque o número de elétrons da camada mais externa, a camada de valência do átomo no estado fundamental, é o mesmo para os membros de determinado grupo. Por exemplo, os átomos do grupo 1 têm seus elétrons distribuídos por mais de um nível de energia, mas todos têm um elétron de valência (ns^1), e assim por diante.

A Iupac sugere que, na tabela periódica, os grupos sejam organizados por números sequenciais de 1 a 18, embora ainda sejam comuns tabelas periódicas que indicam as famílias por letras e números.

1.4.3 Elementos representativos

Os elementos representativos pertencem aos grupos da família A da tabela periódica. Apresentam o subnível mais energético nos orbitais s ou p.

Figura 1.6 – Subníveis de energia dos orbitais

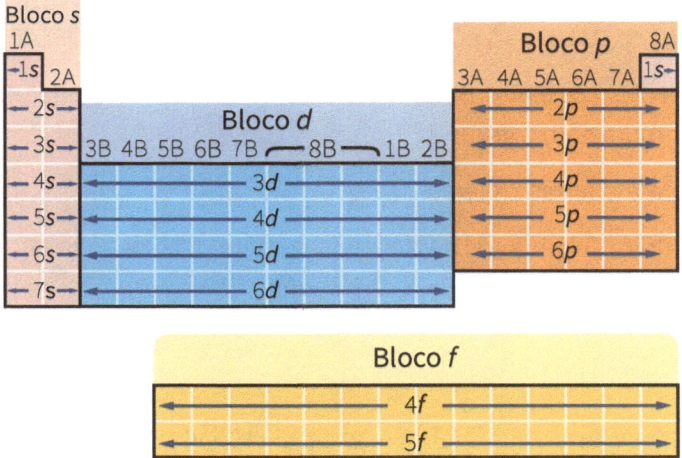

Bloco s: grupo 1 (1A) – metais alcalinos

Metais apresentam os elétrons de valência no orbital s. Reagem vigorosamente, produzem hidrogênio quando colocados em contato com a água e são sensíveis à exposição ao ar. São metais macios, prateados, que se fundem em baixas temperaturas. O nome do grupo, *metais alcalinos*, foi dado porque seus elementos são metais e porque formam bases de Arrhenius.

> O termo *alcalino* vem do latim *alcali*, que significa *cinza de plantas*.

Todos os elementos desse grupo apresentam um elétron na camada de valência, ou seja, têm configuração eletrônica ns^1:

$$Na\ (Z = 11) - 1s^2\ 2s^2\ 2p^6\ \boxed{3s^1}$$

O hidrogênio está localizado no grupo 1 porque sua configuração eletrônica é $1s^1$, porém apresenta propriedades bastante peculiares e comportamento singular.

Bloco s: grupo 2 (2A) – metais alcalino-terrosos

Apresentam os elétrons de valência no orbital *s* e propriedades em comum com o grupo 1.

O termo *terroso* refere-se a *existir na terra*.

Todos os elementos desse grupo contêm dois elétrons na camada de valência, ou seja, têm configuração eletrônica ns^2:

$$Mg\ (Z = 12) - 1s^2\ 2s^2\ 2p^6\ \boxed{3s^2}$$

Bloco p: grupo 13 (3A) – grupo do boro

Esse grupo apresenta os elétrons de valência no orbital *p*. Os elementos boro e alumínio são facilmente encontrados na natureza, e o boro é o único elemento não metálico da família.

Os elementos têm três elétrons na última camada, e a configuração da camada de valência é $ns^2\ np^1$:

$$B\ (Z = 5) - 1s^2\ \boxed{2s^2\ 2p^1}$$

Bloco p: grupo 14 (4A) – grupo do carbono

Esse grupo apresenta os elétrons de valência no orbital *p*. O carbono dá nome ao grupo e é o elemento mais abundante encontrado na natureza, com caraterísticas essenciais para a vida na Terra. O carbono e o silício são os únicos elementos não metálicos da família. Além disso, o silício é um elemento que apresenta características intermediárias entre metais e não metais, mesmo estando no grupo dos não metais.

Os elementos do grupo apresentam quatro elétrons na última camada, com configuração eletrônica igual $ns^2\ np^2$:

$$C\ (Z = 6) - 1s^2\ \boxed{2s^2\ 2p^2}$$

Bloco p: grupo 15 (5A) – grupo do nitrogênio

Nitrogênio, fósforo e arsênio não apresentam natureza metálica.

Os elementos do grupo apresentam cinco elétrons na última camada, com configuração eletrônica da camada de valência $ns^2\ np^3$:

$$N\ (Z = 7) - 1s^2\ \boxed{2s^2\ 2p^3}$$

Bloco p: grupo 16 (6A) – grupo dos calcogênios

Os elementos desse grupo comumente formam sais com o metal cobre.

O nome *calcogênios* deriva do grego *khalkós*, pois são elementos encontrados em minérios de cobre.

Apresentam seis elétrons na última camada, e a configuração eletrônica da camada de valência é ns² np⁴:

$$O\ (Z = 8) - 1s^2\ 2s^2\ 2p^4$$

Bloco p: grupo 17 (7A) – grupo dos halogênios

Os elementos dessa família formam os mais variados tipos de sais, todos com característica não metálica.

O termo *halogênio* é uma expressão grega que significa *formadores de sais*.

Nesse grupo, os elementos apresentam sete elétrons na camada de valência e configuração eletrônica ns² np⁵:

$$F\ (Z = 9) - 1s^2\ 2s^2\ 2p^5$$

Bloco p: grupo 18 (8A) – gases nobres

Os elementos dessa família são comumente encontrados no estado gasoso e apresentam baixa reatividade química. São considerados quimicamente neutros, ou seja, combinam-se com poucos elementos. Todos os elementos são gases incolores e inodoros.

Salvo o hélio (He), os elementos do grupo têm configuração eletrônica na camada de valência ns² np⁶:

$$He\ (Z = 2) - 1s^2$$
$$Ne\ (Z = 10) - 1s^2\ 2s^2\ 2p^6$$

1.4.4 Elementos de transição

Os elementos de transição compõem o bloco *d* e atualmente correspondem aos grupos de 3 a 12. São aqueles que se localizam na região central da tabela periódica.

Na notação mais antiga, as famílias dos elementos de transição eram as do grupo B, que tinham a seguinte ordem, da esquerda para a direita: 3B, 4B, 5B, 6B, 7B, 8B, 1B e 2B; a coluna 8B era tripla.

Os elementos pertencentes a essas famílias têm os elétrons mais energéticos nos subníveis *d* ou *f* incompletos. Exibem propriedades semelhantes e podem ser classificados em elementos de transição externa ou interna. Quando o elétron mais energético do átomo no estado fundamental está em um subnível *d* incompleto, é caracterizado como de transição externa. Os lantanídeos e os actinídeos são elementos de transição interna por terem ao menos um subnível *f* incompleto.

Metais de transição externa

São assim identificados para se distinguirem de outros elementos da tabela. Têm a subcamada *d* parcial ou totalmente preenchida.

$$ns^2 (n-1)d^{1 \text{ até } 8}$$

Fe (Z = 26) – $1s^2\ 2s^2\ 2p^6\ 3s^2\ 3p^6\ 4s^2\ \boxed{3d^6}$

Cu (Z = 29) – $1s^2\ 2s^2\ 2p^6\ 3s^2\ 3p^6\ 4s^2\ \boxed{3d^9}$

Zn (Z = 30) – $1s^2\ 2s^2\ 2p^6\ 3s^2\ 3p^6\ 4s^2\ \boxed{3d^{10}}$

Para saber à qual família o elemento pertence, não se leva em consideração o total de elétrons na camada de valência, mas somente quantos elétrons estão distribuídos no subnível d. No quadro a seguir, mostramos os subníveis mais energéticos para cada família dos elementos de transição.

Quadro 1.3 – Subníveis de energia do orbital d

Família	3 (3B)	4 (4B)	5 (5B)	6 (6B)	7 (7B)	8, 9 e 10 (8B)	11 (1B)	12 (2B)
Subnível	d^1	d^2	d^3	d^4	d^5	d^6, d^7, d^8	d^9	d^{10}

Metais de transição interna (lantanídeos e actinídeos)

São os elementos das séries dos lantanídeos e dos actinídeos, isto é, todos pertencentes à família 3 (3B) da tabela periódica. Os lantanídios pertencem ao 6º período – números atômicos de 57 a 71, do lantânio (La) ao lutécio (Lu). Os actinídeos pertencem ao 7º período – números atômicos de 83 a 103, do actínio (Ac) ao laurêncio (Lr).

Os elétrons mais energéticos localizam-se no subnível f incompleto:

$$ns^2 (n-1)f^{1\ até\ 13}$$

Quadro 1.4 – Subníveis de energia do orbital f

Lantanídeos	Actinídeos
Subnível mais energético = 4f Última camada = $6s^2$	Subnível mais energético = 5f Última camada = $7s^2$

Exercício resolvido

1. Analise a representação da tabela periódica seguinte, em que a indicação dos elementos químicos foi substituída por letras do alfabeto.

Figura A – Representação esquemática da tabela periódica

H																	He
A												E			F		
	B																G
			C												L		
I	J			D												K	

Agora, responda às questões a seguir.
a) Cite dois elementos que tenham dois elétrons de valência.
b) Indique um elemento que reaja com a água, originando um hidróxido do metal.
c) Cite um elemento pouco reativo.
d) Indique dois elementos que se combinam com os metais alcalinos, originando sais.

Resolução
a) B e J. Dois elétrons de valência correspondem ao grupo 2, que tem configuração eletrônica ns^2.
b) A, B, I ou J. A e I representam elementos da família 1; já B e J são da família 2. Como vimos na tabela de propriedades, elementos do grupo 1 e 2 são muito reativos e podem formar hidróxidos, como em KOH e $Mg(OH)_2$.

c) G. Os gases nobres são muito estáveis e, por isso, são pouco reativos.
d) F e K. Os halogênios reagem com os metais alcalinos para formar sais. O exemplo mais comum disso é o sal de cozinha, NaCl.

1.4.5 Propriedades atômicas

Muitas propriedades químicas e físicas dos elementos e das substâncias simples formadas por eles variam periodicamente, ou seja, em intervalos regulares em função dos números atômicos. As propriedades que se comportam dessa forma são chamadas de *propriedades periódicas*.

As principais propriedades periódicas químicas dos elementos são: raio atômico, energia de ionização, eletronegatividade, eletropositividade e eletroafinidade. Já as propriedades físicas são: pontos de fusão e ebulição, densidade e volume atômico. Detalharemos cada uma delas a seguir.

Raio atômico

É a metade da distância ($r = d/2$) entre os núcleos de dois átomos de um mesmo elemento químico, sem estarem ligados e assumindo-se os átomos como esferas.

Figura 1.7 – Raio atômico de um átomo

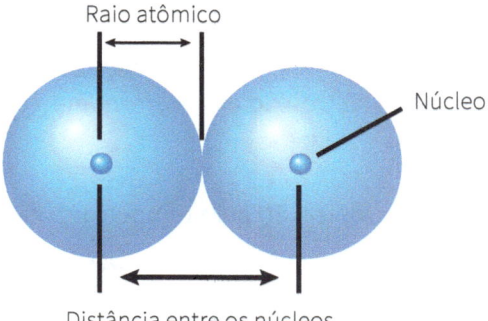

Distância entre os núcleos

O raio atômico aumenta de cima para baixo em uma família em decorrência do aumento da camada de valência, ficando os elétrons mais distantes do núcleo do átomo. Em um mesmo período, o número de camadas eletrônicas é igual, mas o raio atômico diminui em razão do efeito da carga nuclear efetiva, ou seja, os elétrons adicionais são mais atraídos pelo núcleo atômico graças ao aumento do número atômico.

Figura 1.8 – Variação do raio atômico

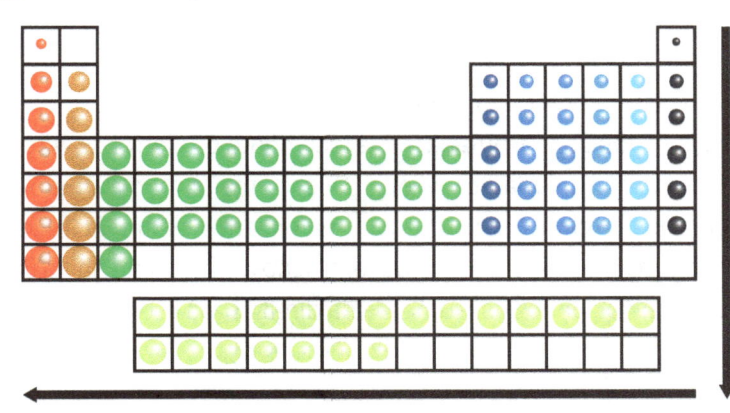

Energia ou potencial de ionização

É a energia mínima para remover um elétron da camada de valência de um átomo no estado gasoso. A energia deve ser suficiente para retirar o elétron do átomo, formando um íon positivo (cátion).

Figura 1.9 – Energia de ionização para remover um elétron

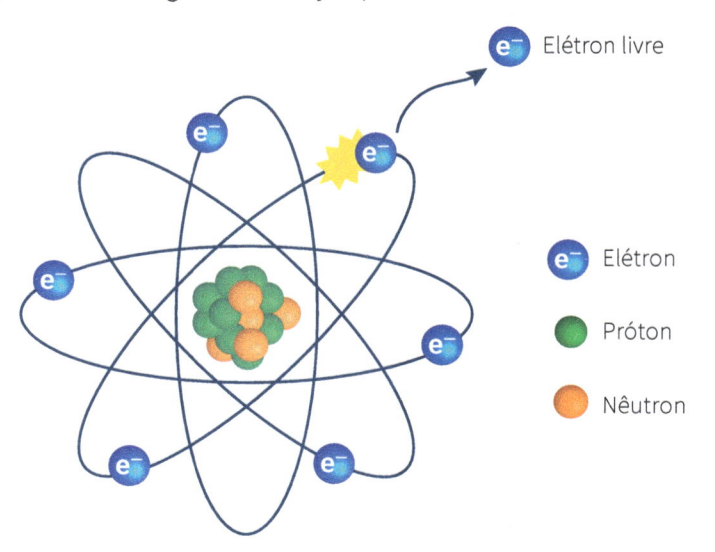

Jo Sam Re/Shutterstock

Quanto maior for o tamanho do átomo, menor será a energia de ionização, ou seja, mais facilmente os elétrons serão removidos da camada de valência. Quanto maior for o número de elétrons na camada de valência, maior será sua atração pelo núcleo. Nos grupos, a energia de ionização aumenta de baixo para cima; nos períodos, aumenta da direita para esquerda.

Figura 1.10 – Variação do potencial ou da energia de ionização

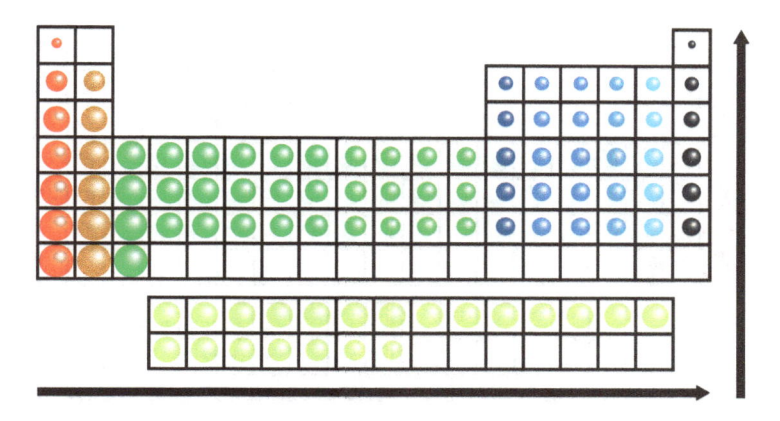

Eletronegatividade

É a habilidade de um átomo em uma molécula de atrair elétrons para si. Os valores das eletronegatividades dos elementos foram determinados pela escala de Pauling: foi observado que, conforme o raio aumentava, menor era a atração do núcleo pelos elétrons compartilhados na camada de valência. Logo, essa propriedade depende de dois importantes fatores: o número de elétrons na última camada e o tamanho do átomo – quanto menor o átomo, maior a atração do núcleo sobre os elétrons, logo, maior sua eletronegatividade.

Figura 1.11 – Variação da eletronegatividade

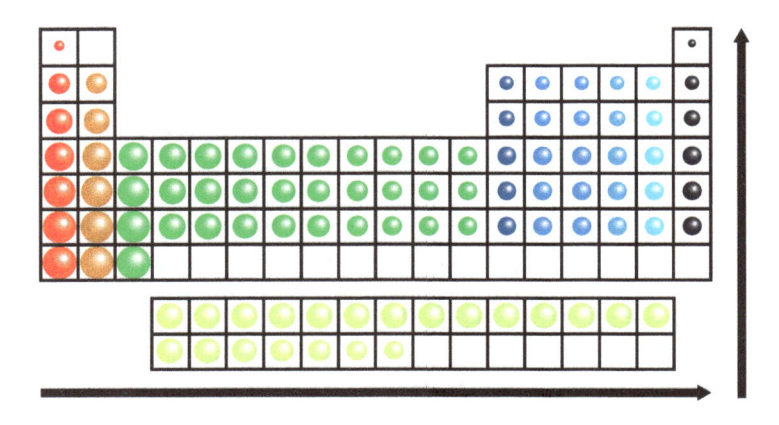

Eletropositividade

É a capacidade que o átomo tem de se afastar de seus elétrons mais externos, em comparação a outro átomo, na formação de uma substância composta. Por ser o contrário da eletronegatividade, o sentido de aumento na tabela periódica é oposto ao mostrado para a eletronegatividade, ou seja, segue de cima para baixo e da direita para a esquerda.

Figura 1.12 – Variação da eletropositividade

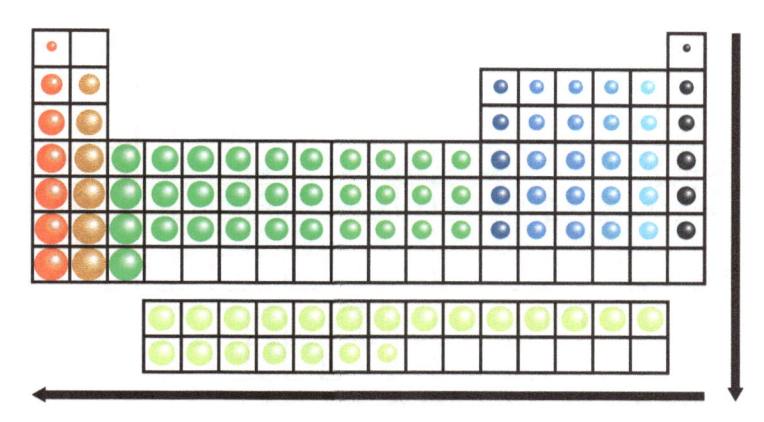

Eletroafinidade ou afinidade eletrônica

É a energia liberada na captura de um elétron quando o átomo está no estado gasoso. Essa energia indica o grau de afinidade ou a intensidade da atração do átomo pelo elétron adicionado.

$$Cl_{(g)} + e^- \rightarrow Cl^- + 349 \text{ kJ/mol}$$

A afinidade eletrônica só apresenta aplicação prática para os não metais, pois seus átomos tendem a receber elétrons. Para os metais, é muito difícil medir essa propriedade, pois seus átomos não tendem a receber elétrons. Não são conhecidos os valores para as eletroafinidades de todos os elementos, mas os que estão disponíveis permitem generalizar que essa propriedade aumenta de baixo para cima e da esquerda para a direita na tabela periódica.

Figura 1.13 – Variação da eletroafinidade ou afinidade eletrônica

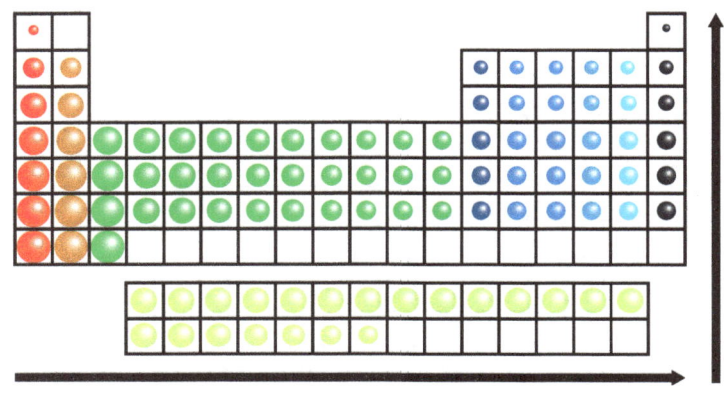

Densidade

É a razão entre a massa (m) e o volume (V). Também conhecida como *massa específica*. Para um elemento químico, a massa corresponde à razão entre a massa atômica do elemento e o volume ocupado por esse elemento:

$$d = \frac{m(g)}{V(cm)}$$

Nos grupos, a densidade aumenta de cima para baixo; nos períodos, aumenta das laterais para o centro. Assim, os elementos mais densos estão no centro e na parte inferior da tabela periódica: ósmio (Os), com d = 22,5 g/cm³; e irídio (Ir), com d = 22,4 g/cm³.

Figura 1.14 – Variação da densidade absoluta

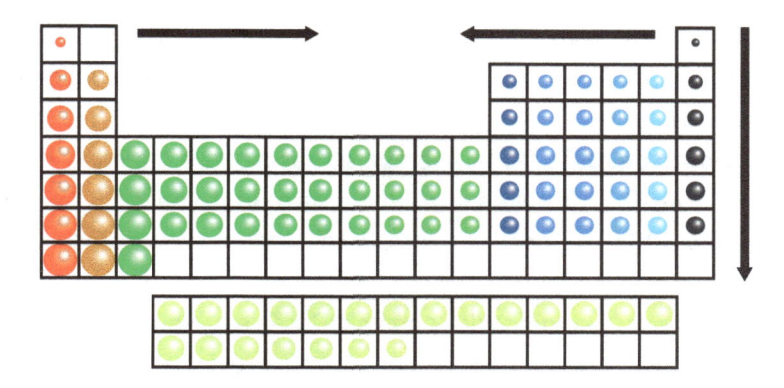

Volume atômico

É a razão entre a massa e a densidade do elemento no estado sólido. Nos grupos, o volume aumenta de cima para baixo; nos períodos, aumenta do centro para as laterais.

Figura 1.15 – Variação do volume atômico

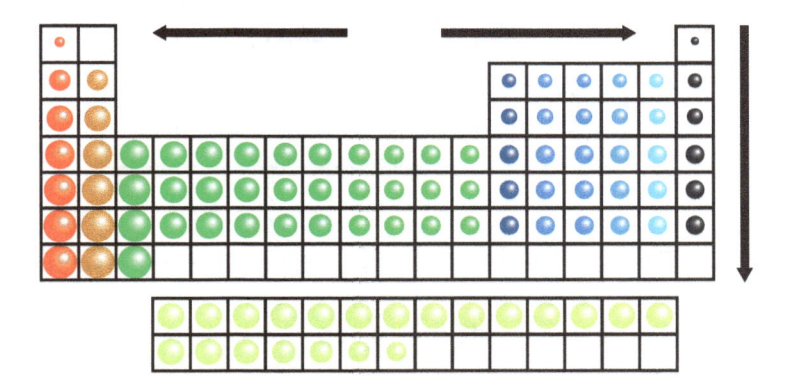

Ponto de fusão e ponto de ebulição

São importantes propriedades periódicas relacionadas com as temperaturas nas quais os elementos entram em fusão e ebulição respectivamente.

O **ponto de fusão (PF)** é a temperatura na qual a matéria passa da fase sólida para a fase líquida. Já o **ponto de ebulição (PE)** é a temperatura na qual a matéria passa da fase líquida para a fase gasosa.

Nos grupos, o aumento dos pontos de fusão e de ebulição ocorre de cima para baixo, exceto nos grupos 1 e 2, que é de baixo para cima; nos períodos, o aumento acontece das laterais para o centro.

Figura 1.16 – Variação do ponto de fusão e do ponto de ebulição

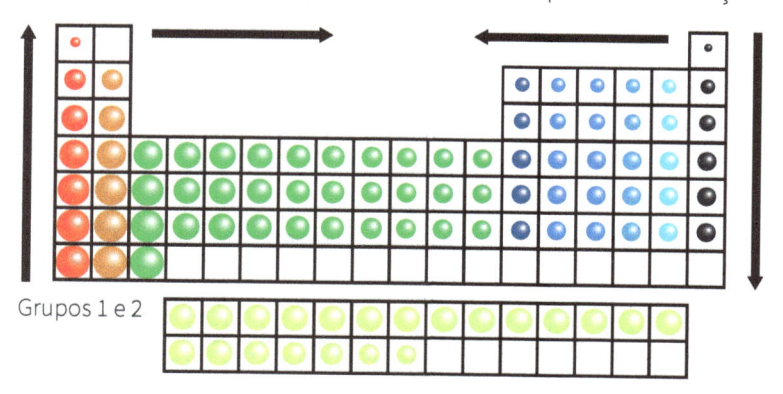

Grupos 1 e 2

1.4.6 Propriedades físicas e químicas

Os elementos também podem ser agrupados segundo suas propriedades físicas e químicas. Nesse caso, são classificados como metais, semimetais ou metaloides, não metais ou ametais, e gases nobres.

Figura 1.17 – Tabela periódica agrupada por propriedades físicas e químicas

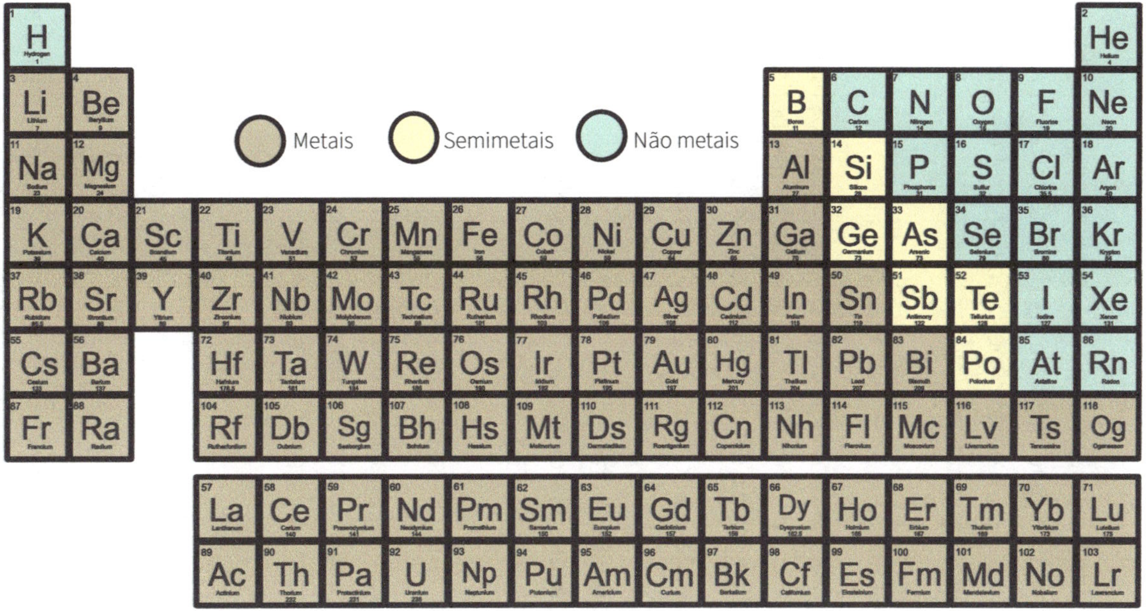

Azri Suhami/Shutterstock

Metais

Correspondem a 76% dos elementos químicos. São materiais que apresentam boa condutividade elétrica e térmica, são maleáveis e flexíveis, sólidos – exceto o mercúrio (Hg), que é líquido à temperatura ambiente.

Não metais

Representam 11% dos elementos químicos e são os mais abundantes na natureza. Em condição ambiente, podem ser encontrados na fase sólida, líquida ou gasosa:

- **fase sólida**: carbono (C), fósforo (P), enxofre (S), selênio (Se) e iodo (I);
- **fase líquida**: bromo (Br);
- **fase gasosa**: hidrogênio (H), nitrogênio (N), oxigênio (O), flúor (F) e cloro (Cl).

Semimetais ou metaloides

Correspondem a cerca de 7% dos elementos químicos. Apesar de terem características muito próximas aos não metais, têm a aparência de metal e, em condição ambiente, são encontrados na fase sólida.

Gases nobres

Representam aproximadamente 6% dos elementos químicos. Esses elementos gasosos são substâncias simples, que, em condição ambiente, são inertes quimicamente e são encontrados na fase gasosa. São encontrados na natureza na forma isolada, reagindo somente em situações bem específicas.

Síntese

Neste primeiro capítulo, abordamos alguns conceitos fundamentais sobre elementos químicos.

- Modelo atômico:
    - Dalton: os átomos são partículas esféricas maciças, indivisíveis, impenetráveis e indestrutíveis.
    - Thomson: o átomo é eletricamente neutro, uma esfera com cargas elétricas positivas e negativas.
    - Rutherford: os prótons estão aglomerados na região central do átomo, o núcleo, e os elétrons estão em movimento ao redor do núcleo, na eletrosfera.
    - Bohr: os elétrons se movimentam ao redor do núcleo em trajetórias circulares, as camadas ou níveis de energia.
    - Schrödinger: o elétron apresenta comportamento dual onda-partícula.
- Estrutura atômica: $A = Z + n$

Quadro A – Comparações entre isótopos, isóbaros e isótonos

	Z	A	n
Isótopos	=	≠	≠
Isóbaros	≠	=	≠
Isótonos	≠	≠	=

☐ Representação dos elementos químicos

Figura A – Representação da notação dos elementos químicos na tabela periódica

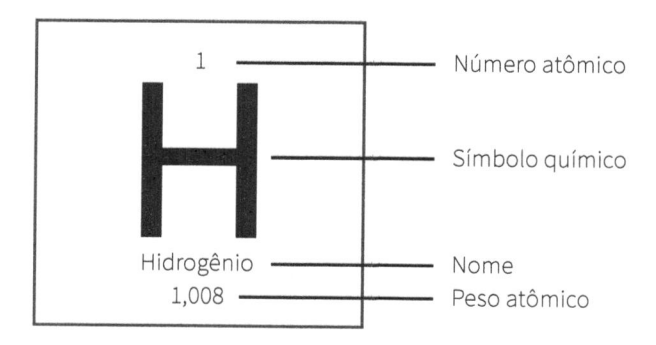

```
         1 ───────────── Número atômico

         H ───────────── Símbolo químico

  Hidrogênio ─────────── Nome
       1,008 ─────────── Peso atômico
```

☐ Diagrama de Linus Pauling: representa a distribuição eletrônica em subníveis de energia.
☐ Tabela periódica: organiza os elementos químicos em ordem crescente de número atômico.
☐ Propriedades periódicas:

Figura 1.23 – Resumo das propriedades periódicas dos elementos químicos

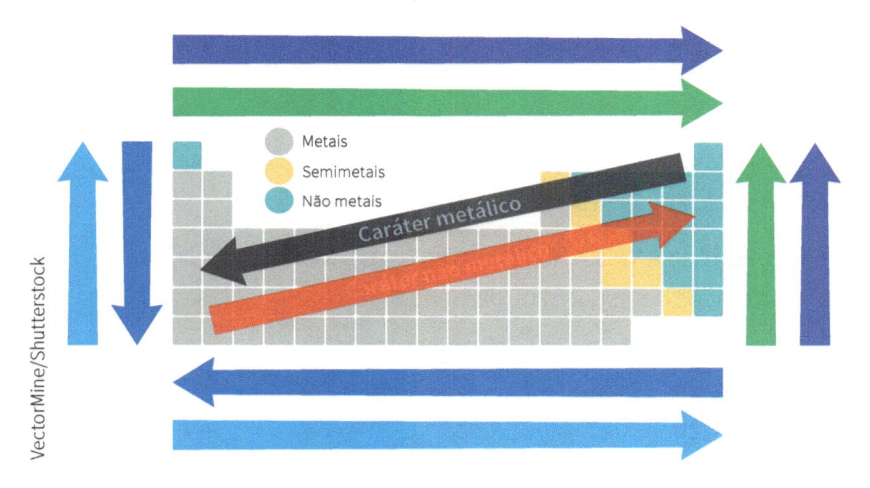

Atividades de autoavaliação

1. (Unirio – RJ) "Os implantes dentários estão mais seguros no Brasil e já atendem às normas internacionais de qualidade. O grande salto de qualidade aconteceu no processo de confecção dos parafusos e pinos de titânio, que compõem as próteses. Feitas com ligas de titânio, essas próteses são usadas para fixar coroas dentárias, aparelhos ortodônticos e dentaduras, nos ossos da mandíbula e do maxilar."
Jornal do Brasil, outubro 1996.

Considerando que o número atômico do titânio é 22, sua configuração eletrônica será:

a) $1s^2\ 2s^2\ 2p^6\ 3s^2\ 3p^3$
b) $1s^2\ 2s^2\ 2p^6\ 3s^2\ 3p^5$
c) $1s^2\ 2s^2\ 2p^6\ 3s^2\ 3p^6\ 4s^2$
d) $1s^2\ 2s^2\ 2p^6\ 3s^2\ 3p^6\ 4s^2\ 3d^2$
e) $1s^2\ 2s^2\ 2p^6\ 3s^2\ 3p^6\ 4s^2\ 3d^{10}\ 4p^6$

2. Os três elementos X, Y e Z têm as seguintes estruturas eletrônicas no estado fundamental:

X: $1s^2\ 2s^2\ 2p^6\ 3s^2\ 3p^6\ 4s^2\ 3d^5$
Y: $1s^2\ 2s^2\ 2p^6\ 3s^2\ 3p^6$
Z: $1s^2\ 2s^2\ 2p^6\ 3s^2\ 3p^6\ 4s^2\ 3d^{10}\ 4p^4$

De acordo com tais estruturas, os elementos podem ser classificados, respectivamente, como:

a) elemento de transição, gás nobre, elemento representativo.
b) elemento de transição, elemento representativo, gás nobre.
c) elemento representativo, gás nobre, elemento de transição.
d) elemento representativo, elemento de transição, gás nobre.
e) gás nobre, elemento de transição, elemento representativo.

3. O subnível mais energético do átomo de um elemento é o $5p^3$. Portanto, seu número atômico e sua posição na tabela periódica serão, respectivamente:

a) 15, 3° período e coluna 5A.
b) 51, 5° período e coluna 5A.
c) 51, 3° período e coluna 3A.
d) 49, 5° período e coluna 3A.

4. Os elementos que apresentam maiores energias de ionização são da família dos:
   a) metais alcalino-terrosos.
   b) gases nobres.
   c) halogênios.
   d) metais alcalinos.
   e) calcogênios.

5. Quanto à classificação periódica dos elementos, é correto afirmar:
   a) O hidrogênio é um metal alcalino localizado na 1ª coluna.
   b) O nitrogênio é o elemento mais eletropositivo da 15ª coluna.
   c) O sódio é o elemento mais eletronegativo do 3° período.
   d) O mercúrio é um ametal líquido à temperatura ambiente.
   e) O potássio tem maior raio atômico que o bromo.

6. Associe o autor (1ª coluna) à ideia desenvolvida por ele (2ª coluna).

a) Dalton	( ) Modelo atômico planetário
b) Rutherford	( ) Átomo indivisível
c) Thomson	( ) Modelo atômico do pudim de passas

   Em ordem decrescente, a sequência correta é:
   a) a, b, c.
   b) a, c, b.
   c) c, b, a.
   d) b, c, a.
   e) b, a, c.

7. Considere as afirmativas:
   I. O átomo é maciço e indivisível.
   II. O átomo é um grande vazio com um núcleo muito pequeno, denso e positivo no centro.

   As afirmações se referem aos modelos atômicos propostos, respectivamente, por:
   a) Dalton e Thomson.
   b) Rutherford e Bohr.
   c) Dalton e Rutherford.
   d) Bohr e Thomson.
   e) Thomson e Rutherford.

8. Sabe-se que X e Y são isótopos, Y e Z são isóbaros e X e Z são isótonos. Se o número de massa de X é igual a 40, os números de nêutrons de Y e Z serão, respectivamente:
   a) 21 e 19.
   b) 42 e 21.
   c) 19 e 21.
   d) 21 e 42.
   e) 19 e 42.

9. Dalton, em sua teoria atômica, propôs, entre outras hipóteses, que os átomos de certo elemento são idênticos em massa. À luz dos conhecimentos atuais, é correto afirmar que essa hipótese é:
   a) verdadeira, pois foi confirmada pela descoberta dos isótopos.
   b) verdadeira, pois foi confirmada pela descoberta dos isótonos.

c) falsa, pois, com a descoberta dos isótopos, verificou-se que átomos do mesmo elemento químico podem ter massas diferentes.

d) falsa, pois, com a descoberta dos isóbaros, verificou-se que átomos do mesmo elemento químico podem ter massas diferentes.

e) A verdadeira, pois foi confirmada pela descoberta dos isóbaros.

10. A representação $_{26}^{56}$Fe indica que o átomo do elemento químico ferro apresenta a seguinte composição nuclear:
    a) 26 prótons, 26 elétrons e 30 nêutrons.
    b) 26 elétrons e 30 nêutrons.
    c) 26 prótons, 26 elétrons e 56 nêutrons.
    d) 26 prótons e 26 elétrons.
    e) 26 prótons e 30 nêutrons.

Atividades de aprendizagem

Questões para reflexão

1. Em 1909, como resultado de experimentos em que um fluxo de partículas α foi direcionado para uma folha de ouro metálico muito fina, Rutherford e seus colaboradores relataram o fato de a maioria das partículas passar pela folha sem mudança de direção e de uma pequena quantidade sofrer desvios muito grandes.

A respeito do texto anterior, responda:
a) O que é uma partícula α?
b) Por que a maioria das partículas α passaram direto pela folha metálica?
c) Por que uma pequena quantidade de partículas α sofreu desvios muito grandes?

2. (UFU – MG) No início do século XIX, com a descoberta e o isolamento de diversos elementos químicos, tornou-se necessário classificá-los racionalmente para a realização de estudos sistemáticos. Muitas contribuições foram somadas até se chegar à atual classificação periódica dos elementos químicos. Em relação à classificação periódica atual, responda:
a) Como os elementos são listados, sequencialmente, na tabela periódica?
b) Em quais grupos da tabela periódica podem ser encontrados: um halogênio, um metal alcalino, um metal alcalino-terroso, um calcogênio e um gás nobre?

Atividade aplicada: prática

1. A estrutura atômica dos metais é cristalina, constituída por cátions do metal envolvidos por uma nuvem de elétrons. Uma das propriedades dos metais é a capacidade de conduzir corrente elétrica graças à presença dessa nuvem de elétrons. Sobre os metais, descreva as seguintes propriedades:
a) maleabilidade;
b) ductibilidade;
c) condutibilidade;
d) temperatura de fusão e temperatura de ebulição.

Capítulo 2

Ligações químicas

Os átomos não estão isolados na natureza. Alguns são estáveis ou pouco reativos, outros precisam se ligar para se tornarem estáveis, e as substâncias são diferentes combinações entre alguns dos 118 elementos químicos existentes. As forças que mantêm os átomos unidos são de natureza elétrica, em que há o movimento de elétrons das camadas mais externas dos átomos.

Descreveremos o modo como os átomos se ligam, as estruturas das moléculas e suas propriedades. Entretanto, para elucidarmos os tipos de ligações químicas, antes precisaremos analisar alguns conceitos.

2.1 Elétrons de valência e a regra do octeto

Por sua importância no estudo das ligações químicas, convém lembrar como os elétrons estão dispostos em um átomo. Eles podem ser divididos em dois grupos: (1) elétrons das camadas mais internas, que não participam das ligações químicas; (2) e elétrons da última camada, localizados no nível incompleto mais externo de um átomo, a camada de valência. Quando os átomos reagem entre si para formar uma ligação química, somente os elétrons da camada de valência participam.

Para representar os elétrons da camada de valência, adotamos a estrutura de Lewis, um químico estadunidense que propôs indicarmos os elétrons como pontos ao redor do símbolo do elemento; cada ponto representa um elétron de valência.

Na figura a seguir, mostramos as estruturas de Lewis para os átomos do segundo período da tabela periódica.

Figura 2.1 — Representação da estrutura de Lewis para os átomos

Li•   •Be•   •B̈•   •C̈•   •N̈•   •Ö•   :F̈•   :N̈e:

O número da família na tabela periódica corresponde aos elétrons de valência de cada átomo, ou seja, indica a quantidade de elétrons da valência de cada elemento. Essa regra vale para todas as famílias dos elementos representativos. Assim, os átomos da família 1A têm um elétron de valência; os da família 2A, dois elétrons; os da família 3A, três elétrons; e assim por diante até a família 8A, os gases nobres.

Os **gases nobres** têm a camada de valência completamente preenchida, ou seja, com a configuração eletrônica $ns^2 np^6$, exceto o elemento hélio, que tem configuração eletrônica $1s^2$. Os orbitais s e p preenchidos conferem aos gases nobres alta estabilidade e baixa reatividade química. Tais elementos são monoatômicos e encontrados na forma de átomos isolados; só reagem entre si ou com outros elementos em condições muito especiais.

Para alcançar a estabilidade, os átomos dos gases nobres precisam adquirir configuração eletrônica que preencha os orbitais s e p incompletos por meio das ligações químicas. Portanto, a ligação química ocorre em decorrência do ganho ou da perda ou, ainda, do compartilhamento dos elétrons de valência. Assim, o átomo tem a mesma configuração do gás nobre que está no mesmo período da tabela periódica, com quatro pares de elétrons ou oito elétrons na camada de valência – essa é a **regra do octeto**.

Segundo a regra do octeto, os átomos adquirem estabilidade com oito elétrons na camada de valência ou dois elétrons quando há somente a primeira camada – no caso do hidrogênio e do hélio. Essa regra é uma ferramenta importante que indica como ocorrem as ligações nos compostos mais comuns formados por elementos representativos. Entretanto, existem algumas exceções a essa regra, as quais estão especificadas a seguir.

Moléculas com octeto incompleto

São moléculas com um átomo central com menos de oito elétrons. Ocorrem nos elementos do segundo período, principalmente nas moléculas com berílio e boro como átomo central. O Be tem dois elétrons de valência; segundo a regra do octeto, ele deveria perder os dois elétrons para ficar estável, entretanto faz duas ligações covalentes e fica estável com apenas quatro elétrons:

$$H : Be : H$$

Já moléculas com átomos de B ficam estáveis com seis elétrons, e o mesmo ocorre com Al, que, apesar de pertencer ao terceiro período, é um elemento que pode sofrer contração do octeto e ficar estável com seis elétrons na camada de valência. Isso pode ser visto na formação de compostos do tipo AlX_3, em que X corresponde a um halogênio:

:Cl: :Cl:
　　Al
　　:Cl:

Moléculas com octeto expandido

São moléculas com um átomo com mais de oito elétrons. Ocorrem nos elementos do terceiro período em diante, porque os átomos apresentam orbitais *d* vazios que podem acomodar dez elétrons.

O fósforo, por exemplo, tem cinco elétrons na camada de valência e deveria receber mais três elétrons para completar o octeto. No entanto, o pentacloreto de fósforo (PCl_5) faz cinco ligações covalentes com átomos de cloro, acomodando dez elétrons na camada de valência, ou seja, houve uma expansão de seu octeto. Logo, o elemento fósforo é uma exceção à regra do octeto.

:Cl:
:Cl:　:Cl:
　P
:Cl:　:Cl:

Outro átomo que sofre expansão do octeto é o enxofre, formando as moléculas SO_2, SO_3, H_2SO_4.

Mais um caso especial de expansão do octeto pode ser visto nos gases nobres, que, embora tenham oito elétrons na camada de valência e estejam isolados de forma estável na natureza, formam moléculas do tipo XeF_2, XeF_4, XeF_6.

$$\begin{array}{c} :\!\ddot{F}\!: \\ :\!Xe\!\cdot\!\cdot \\ :\!\ddot{F}\!: \end{array}$$

Moléculas com um átomo com número ímpar de elétrons

Ocorrem com átomos que apresentam um número ímpar de elétrons na camada de valência, o que torna impossível completar os oito elétrons em uma ligação. O nitrogênio tem um número ímpar de elétron, cinco elétrons de valência, mas as moléculas do óxido nítrico (NO) e do dióxido de nitrogênio (NO_2) são estáveis e podem ser representadas na estrutura de Lewis da seguinte maneira:

$$\dot{\ddot{N}} = \ddot{O} \qquad \ddot{O} = \dot{N} - \ddot{O}:$$

Exercício resolvido

1. Desenhe a estrutura de Lewis para hexafluoreto de enxofre (SF_6)

Resolução

$$\ddot{\underset{..}{F}} \quad \ddot{\underset{..}{F}}$$
$$:\ddot{\underset{..}{F}} - S - \ddot{\underset{..}{F}}:$$
$$:\ddot{\underset{..}{F}}: \quad :\ddot{\underset{..}{F}}:$$

2.2 Natureza das ligações químicas

Uma ligação química acontece entre dois átomos se a substância formada tiver energia mais baixa do que a energia dos átomos separados. Se a energia mais baixa é atingida pela transferência completa de um ou mais elétrons de um átomo para outro, formam-se íons, e o composto é mantido pela atração eletrostática entre esses íons. Essa atração é típica de uma ligação iônica, que acontece entre um metal, que entra como doador de elétrons, e um não metal, que recebe o elétron, em razão de sua alta eletronegatividade.

Os elementos não metálicos existem como espécies diatômicas – por exemplo, H_2, Cl_2 – e não formam cátions. A natureza das ligações entre esses átomos ocorre pelo compartilhamento do par de elétrons dos dois átomos envolvidos. Se o compartilhamento leva a um estado de menor energia, os átomos se ligam por meio de uma ligação covalente.

As ligações químicas ocorrem por compartilhamento de elétrons nas ligações covalentes e pela atração eletrostática na ligação iônica. A força de interação com que cada átomo atrai os elétrons é diferente. Nos átomos com grande diferença de eletronegatividade (>1,7), ocorre a transferência completa de elétrons, ou seja, um átomo perde e outro átomo ganha elétrons (ligação iônica). Quando a diferença de eletronegatividade é menor do que 1,7, os núcleos dos átomos compartilham os elétrons (ligação covalente).

A seguir, abordaremos, em detalhes, as diferenças entre as ligações iônica e covalente.

2.2.1 Ligação iônica

Os elementos da família 1A, dos metais alcalinos, apresentam configuração ns^1 – quando perdem um elétron, formam íons com carga +1, chamados de *cátions*, e adquirem configuração eletrônica equivalente à camada de valência do gás nobre no período anterior. Isso também acontece com os metais alcalino-terrosos da família 2A, de configuração ns^2 – os elementos perdem dois elétrons, formando cátions com carga +2. Além dos metais das famílias 1A e 2A, os metais de transição também podem fazer ligação iônica, ou seja, doar elétrons e formar íons positivos, os cátions.

Os não metais, à direita da tabela periódica, recebem elétrons em razão de sua alta eletronegatividade; formam íons de carga negativa, conhecidos por *ânions*; e adquirem configuração eletrônica igual à do gás nobre do mesmo período.

Figura 2.3 – Representação de um átomo neutro quando perde ou ganha elétrons

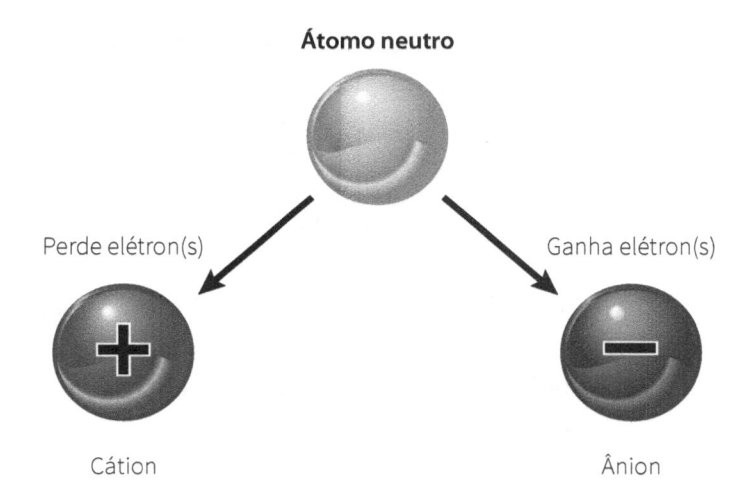

Átomo neutro

Perde elétron(s)   Ganha elétron(s)

Cátion   Ânion

©SweetNature/Shutterstock

Agora, temos de esclarecer como ocorre a ligação iônica conforme a estrutura de Lewis, indicando os elétrons de valência do metal alcalino sódio (Na) e o não metal cloro (Cl). A configuração eletrônica dos elementos Na e Cl estão representadas a seguir:

$$_{11}Na - 1s^2\ 2s^2\ 2p^6\ 3s^1$$

$$_{17}Cl - 1s^2\ 2s^2\ 2p^6\ 3s^2\ 3p^5$$

Para ter estabilidade, os elementos precisam adquirir configuração equivalente à camada mais externa do gás nobre mais próximo. Para o sódio (Na), é o neônio (Ne); para o cloro (Cl), o argônio (Ar). As configurações eletrônicas desses gases são:

$$_{10}Ne - 1s^2\,2s^2\,2p^6$$

$$_{18}Ar - 1s^2\,2s^2\,2p^6\,3s^2\,3p^6$$

Se compararmos a configuração eletrônica do Na com a do Ne, o Na terá sua estabilidade equivalente com a do Ne se perder um elétron; o Cl precisa receber um elétron para ter a configuração do Ar.

$$Na\cdot + \cdot\ddot{\underset{\cdot\cdot}{Cl}}\!: \longrightarrow Na^+ + Cl^-$$

$1s^2\,2s^2\,2p^6\,3s^1$ $1s^2\,2s^2\,2p^6\,3s^2\,3p^5$ $1s^2\,2s^2\,2p^6$ $1s^2\,2s^2\,2p^6\,3s^2\,3p^6$

Figura 2.4 – Transferência do elétron do sódio para o cloro, formando íons

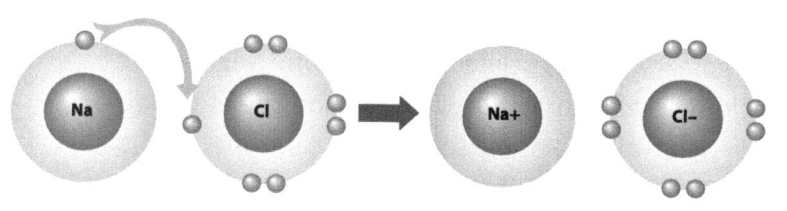

©SweetNature/Shutterstock

A ligação ocorrerá pela atração eletrostática entre íons positivos dos elementos metálicos (elemento mais eletropositivo) e íons negativos dos não metais (elemento mais eletronegativo). Assim, ambos adquirem configuração de gás nobre.

Esse tipo de ligação química envolve um grande número de átomos Na e Cl, de modo que, ao final, resulta em um aglomerado de íons que formam retículos cristalinos. A formação de uma rede cristalina libera energia de formação do retículo cristalino, que estabiliza o cristal iônico e mantém os íons coesos em estrutura extremamente regular.

Figura 2.5 – Retículo cristalino do cloreto de sódio

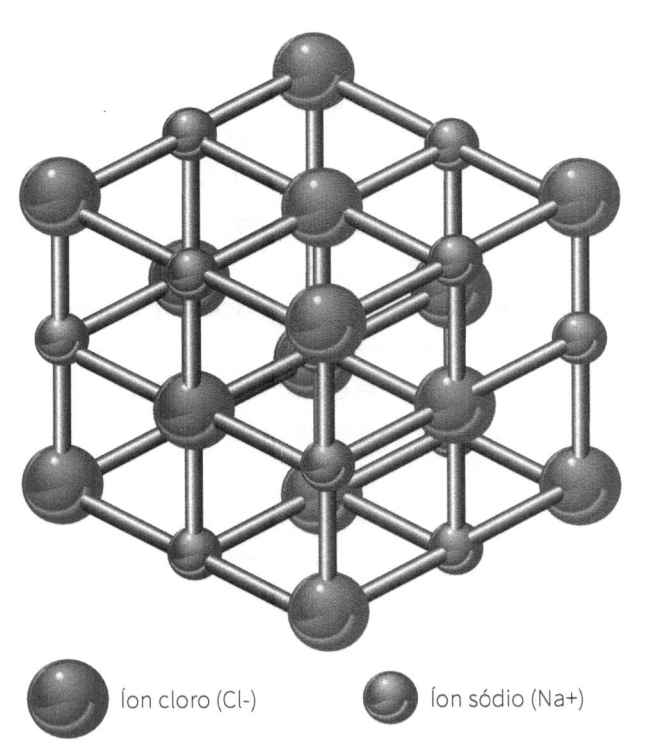

Íon cloro (Cl-)   Íon sódio (Na+)

A energia de formação do retículo cristalino entre Na e Cl ocorre da seguinte maneira:

- **etapas A e B**: energia de mudança de estado físico mononuclear dos elementos sódio e cloro respectivamente;
- **etapa C**: o átomo de sódio pertence ao grupo 1A da tabela periódica, pois tem um elétron na camada de valência e energia de ionização de +495 kJ · mol^{-1};
- **etapa D**: o átomo de cloro pertence ao grupo 7A da tabela periódica, porque contém sete elétrons na camada de valência e afinidade eletrônica de –348 kJ · mol^{-1};
- **etapa E**: a formação de uma rede cristalina com íons sódio e cloro na fase gasosa é exotérmica (–787 kJ · mol^{-1}), motivo pelo qual inferimos que o NaCl é mais estável do que os elementos que o constituem separadamente;
- **energia total para formação do retículo cristalino**: é a energia de rede cristalina, aquela necessária para separar completamente um mol de um composto sólido iônico em íons gasosos; essa energia depende das cargas e dos tamanhos dos íons:

$$E_1 = K\frac{Q_1\, Q_2}{d}$$

Em que:

K = constante (8,99 · 10^9 JmC^{-2})

Q_1 e Q_2 = cargas nas partículas

d = distância entre os centros das partículas

Portanto, a energia de rede cristalina aumenta à medida que aumentam a carga do íon e a distância entre eles.

Quadro 2.1 – Determinação da energia de estrutura de formação do retículo cristalino de cloreto de sódio

Etapa	Processo	ΔH (kJ · mol^{-1})
A	$Na_{(s)} \to Na_{(g)}$	+108 (energia absorvida)
B	$½ Cl_{2(g)} \to Cl_{(g)}$	+121 (energia absorvida)
C	$Na_{(g)} \to Na^+_{(g)} + e^-$	+495 (energia absorvida)
D	$e + Cl_{(g)} \to Cl^-_{(g)}$	–348 (energia liberada)
E	$Na^+_{(g)} + Cl^-_{(g)} \to NaCl_{(s)}$	–787 (energia liberada)
Total	$Na_{(s)} + ½ Cl_{2(g)} \to NaCl_{(s)}$	–411 (energia líquida liberada)

Fonte: Elaborado com base em Atkins; Jones, 2011.

No cloreto de sódio, conhecido como *sal de cozinha*, os sais são formados por meio de uma ligação iônica entre um metal e um elemento da família dos halogênios (7A); quando elementos metálicos se ligam ao oxigênio, formam os óxidos. Detalharemos as funções inorgânicas adiante.

Os compostos iônicos existem como sólidos sob condições normais. Geralmente, são duros, quebradiços, solúveis em solventes polares, maus condutores de eletricidade no estado sólido e com temperaturas de fusão e ebulição elevadas.

2.2.2 Ligação covalente

Na ligação covalente, os átomos compartilham elétrons em virtude da diferença de eletronegatividade entre os átomos ligantes.

Existem dois tipos: (1) a **ligação covalente apolar**, como a que acontece com O_2, Cl_2, quando não há diferença significativa de eletronegatividade, uma vez que os dois átomos são iguais; e (2) a **ligação covalente polar**, que ocorre entre átomos distintos e com uma diferença de eletronegatividade entre eles. Nesse último caso, o compartilhamento é feito em pares e, em cada orbital, cabem, no máximo, dois elétrons – os núcleos dos átomos atraem para si os elétrons os quais se unem e, quanto mais forte for essa atração, mais estável será a ligação.

Representação química

A fórmula química indica o número e o tipo de átomos que constituem uma molécula, conforme segue:

- **Fórmula molecular**: é uma combinação de símbolos químicos e índices que expressam os números reais dos átomos de cada elemento presente em uma molécula.
- **Fórmula eletrônica ou de Lewis**: indica os elétrons da camada de valência de cada átomo e a formação dos pares eletrônicos, além dos elementos e do número de átomos envolvidos.

☐ **Fórmula estrutural**: representa as ligações entre os elementos, e cada par de elétrons compartilhado entre dois átomos é simbolizado por um traço.

Quadro 2.2 – Representação química dos átomos

Nome	Fórmula molecular	Fórmula eletrônica	Fórmula estrutural
Gás hidrogênio	H_2	H :·: H	H – H
Gás oxigênio	O_2	:Ö :::: Ö:	O = O
Gás nitrogênio	N_2	:N :::: N:	N ≡ N
Água	H_2O	H :·: Ö :·: H	H⟋ O ⟍H

A estrutura de Lewis permite representar o par de elétrons compartilhado entre dois átomos de Cl_2. O compartilhamento de um par de elétrons constitui uma ligação covalente simples, chamada *ligação simples*.

Fonte: Elaborado com base em Atkins; Jones, 2011.

Figura 2.6 – Compartilhamento de um par de elétrons entre átomos de hidrogênio e oxigênio

Ligação simples

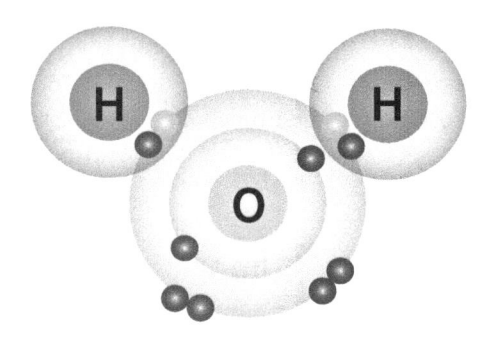

Molécula de água
$H_2O : H - O - H$
Compartilha dois elétrons

Sansanorth/Shutterstock

Para que o átomo complete o octeto, é possível que mais de um par de elétrons seja compartilhado entre dois átomos – são as chamadas *ligações múltiplas*. As ligações múltiplas podem ser:

☐ **Ligação dupla**

Quando acontece o compartilhamento de dois pares de elétrons.

Figura 2.7 – Compartilhamento de dois pares de elétrons entre átomos de oxigênio e carbono

Ligação dupla

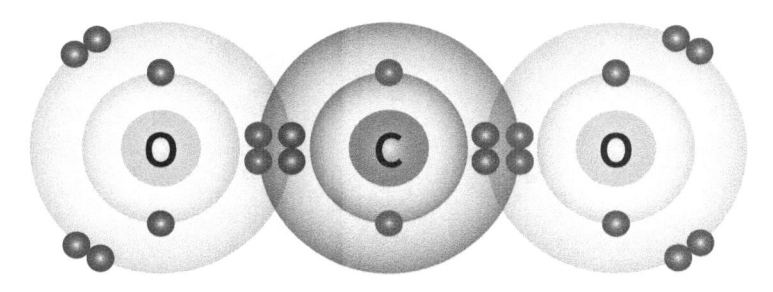

Molécula de gás carbono
$CO_2 : O = O = H$
Compartilha quatro elétrons

Ligação tripla

Quando ocorre o compartilhamento de três pares de elétrons.

Figura 2.8 – Compartilhamento de três pares de elétrons entre átomos de nitrogênio

Ligação tripla

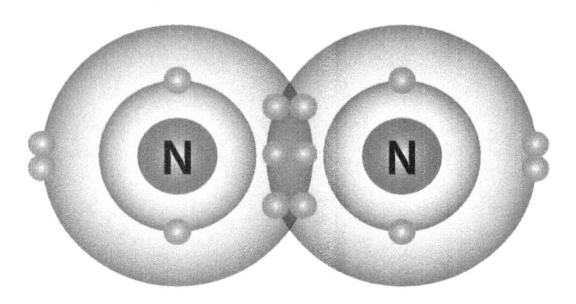

Molécula de nitrogênio
$N_2 : N \equiv N$
Compartilha seis elétrons

Sansanorth/Shutterstock

Ligações químicas

Quando os núcleos dos átomos participam de uma ligação covalente, atraem para si os elétrons. Quanto mais forte é essa atração, mais estável é a ligação. Isso decorre do fato de as ligações múltiplas serem mais curtas do que as ligações simples, razão pela qual aquelas são mais fortes do que estas. Quando o número de ligações aumenta, os átomos são mantidos mais próximos e mais firmemente unidos.

O carbono forma ligações simples, duplas ou triplas; por isso, podemos comparar energias de ligação e comprimentos de ligação entre dois átomos de carbono.

Tabela 2.1 – Comprimento e energia de ligação do carbono

Tipo de ligação	Comprimento de ligação (pm)	Energia de ligação (kJ · mol^{-1})
Simples –	154	346
Dupla =	134	602
Tripla ≡	120	835

Logo, à medida que o número de pares de elétrons ligantes aumenta:

- diminui o comprimento de ligação;
- aumenta a energia de ligação, o que significa que a ligação é mais forte.

Assim, maiores valores de energia de ligação correspondem a menores valores de comprimento de ligação.

Fonte: Elaborado com base em Mahan; Meyers, 1995.

A estabilidade de uma molécula está vinculada à força das ligações covalentes que as mantêm unidas. A força de uma ligação covalente entre dois átomos é determinada pela energia necessária, ou **variação de entalpia (ΔH)**, para quebrar essa ligação.

A energia de ligação é a variação de entalpia de um sistema, ou seja, a quantidade de calor absorvido na quebra da ligação de 1 mol das substâncias no estado gasoso, a 25 °C e 1 atm. Existem dois tipos de processos: (1) os **endotérmicos**, quando há absorção de calor (ΔH positivo), e (2) os **exotérmicos**, quando ocorre liberação de calor (ΔH negativo). Por exemplo, a energia necessária para quebrar 1 mol ou 6,02 · 10^{23} ligações de O_2, produzindo átomos no estado gasoso, é +118 kcal/mol:

$$O = O\,(g) \longrightarrow 2\ O(g) \quad \Delta H = +118\ \text{kcal/mol}$$

No processo contrário, na ligação entre os átomos de oxigênio, a energia de ligação para formação do gás oxigênio é a mesma, porém ocorre um processo exotérmico, em que a energia é liberada:

$$2O(g) \longrightarrow O = O\,(g) \quad \Delta H = -118\ \text{kcal/mol}$$

No entanto, durante as reações, ocorrem a quebra de ligação e a formação de novas ligações; eis aí por que é necessário considerar todas as energias envolvidas em todas as etapas para determinar a entalpia de uma reação.

Polaridade da ligação

Refere-se à separação das cargas elétricas em decorrência da eletronegatividade dos átomos presentes na molécula. As substâncias podem ser classificadas como polares ou apolares.

A polaridade está associada à diferença de eletronegatividade dos átomos que participam da ligação; por isso, compostos moleculares formados por ligação covalente podem ou não formar dipolos. Uma ligação é apolar quando a diferença de eletronegatividade entre os átomos é a mesma e os elétrons são compartilhados de modo equivalente pelos átomos, não havendo formação de dipolos na molécula, como no caso do gás cloro.

Figura 2.9 – Diferença de eletronegatividade entre átomos nas ligações covalentes

Ligação não polarizada	Ligação polarizada	Ligação iônica
Elétrons compartilhados de forma equivalente	Elétrons compartilhados de forma desigual	Elétrons transferidos

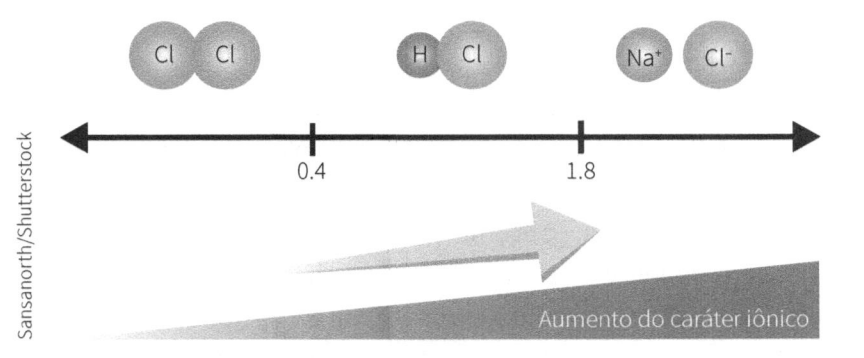

Cl Cl   H Cl   Na⁺ Cl⁻

0.4   1.8

Aumento do caráter iônico

Sansanorth/Shutterstock

Outros gases que são substâncias simples formadas por ligação covalente apolar são: gás oxigênio (O_2), gás nitrogênio (N_2), gás hidrogênio (H_2) e gás bromo (Br_2).

Quando a ligação covalente ocorre entre átomos com eletronegatividades diferentes, a ligação é polar. Essa diferença induz o acúmulo de carga negativa ao redor do elemento mais eletronegativo, gerando dipolos na molécula. Os dipolos de uma molécula referem-se à carga parcial, representada pela letra grega δ, uma região chamada de *densidade eletrônica*.

Na molécula do ácido clorídrico, por exemplo, em virtude da diferença de eletronegatividade entre os átomos, ocorre um deslocamento dos elétrons pelo cloro, mais eletronegativo do que o hidrogênio. A região de maior densidade eletrônica ao redor do cloro é denominada δ^-, e a de menor densidade eletrônica ao redor do hidrogênio é chamada δ^+, formando um dipolo elétrico que polariza a molécula:

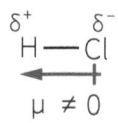

$$\overset{\delta^+}{H} - \overset{\delta^-}{Cl}$$
$$\mu \neq 0$$

Outra maneira de identificar a polaridade de uma molécula é pela soma dos vetores de cada ligação da molécula, ou momento dipolar (μ), que é a grandeza que representa a diferença de densidade eletrônica. Para uma molécula apolar, o momento dipolar resultante é igual a zero; quando o momento dipolar é diferente de zero, a molécula é classificada como polar.

O momento dipolar pode ser calculado pela equação:

$$\mu = Q \cdot r$$

Em que:

Q = grandeza das cargas

r = distância entre os átomos

A tabela seguinte mostra o momento de dipolo de algumas substâncias. No Sistema Internacional de Unidades (SI), a unidade para o momento de dipolo é C · m (coulomb por metro).

Tabela 2.2 – Momento de dipolo de algumas substâncias

fórmula	μ (C · m)	fórmula	μ (C · m)
H_2	0	CH_4	0
Cl_2	0	CH_3Cl	1,87
HF	1,91	CH_3Cl_2	1,55
HCl	1,08	$CHCl_3$	1,02
HBr	0,80	CCl_4	0
HI	0,42	NH_3	1,47
BF_3	0	NF_3	0,24
CO_2	0	H_2O	1,85

Fonte: Elaborado com base em Atkins; Jones, 2011.

Já informamos que a eletronegatividade é a habilidade de um átomo atrair elétrons para si, em uma molécula. A escala de eletronegatividade proposta por Linus Pauling na década de 1930 permite determinar a polaridade das ligações: quanto maior é a diferença de eletronegatividade, maior é a polaridade da ligação.

Figura 2.11 – Diferença de eletronegatividade entre os átomos na tabela periódica

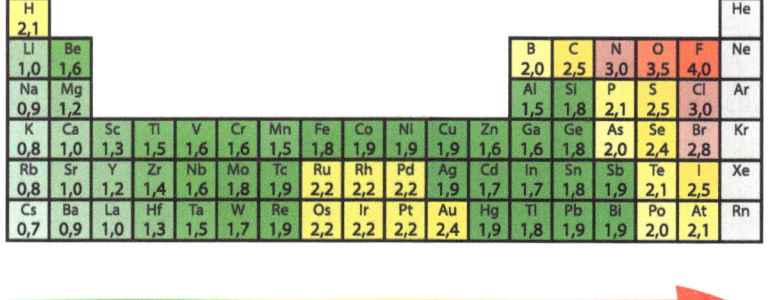

H 2,1																	He
Li 1,0	Be 1,6											B 2,0	C 2,5	N 3,0	O 3,5	F 4,0	Ne
Na 0,9	Mg 1,2											Al 1,5	Si 1,8	P 2,1	S 2,5	Cl 3,0	Ar
K 0,8	Ca 1,0	Sc 1,3	Ti 1,5	V 1,6	Cr 1,6	Mn 1,5	Fe 1,8	Co 1,9	Ni 1,9	Cu 1,9	Zn 1,6	Ga 1,6	Ge 1,8	As 2,0	Se 2,4	Br 2,8	Kr
Rb 0,8	Sr 1,0	Y 1,2	Zr 1,4	Nb 1,6	Mo 1,8	Tc 1,9	Ru 2,2	Rh 2,2	Pd 2,2	Ag 1,9	Cd 1,7	In 1,7	Sn 1,8	Sb 1,9	Te 2,1	I 2,5	Xe
Cs 0,7	Ba 0,9	La 1,0	Hf 1,3	Ta 1,5	W 1,7	Re 1,9	Os 2,2	Ir 2,2	Pt 2,2	Au 2,4	Hg 1,9	Tl 1,8	Pb 1,9	Bi 1,9	Po 2,0	At 2,1	Rn

Baixa — Média — Alta

extender_01/Shutterstock

Exercícios resolvidos

1. Classifique moléculas de HF, HCl, H_2O, H_2, O_2 e N_2 em dois grupos: apolares e polares. Depois, coloque as moléculas polares em ordem decrescente de polaridade segundo a escala de Pauling.

Resolução

Moléculas polares	Moléculas apolares
Ácido fluorídrico (HF)	Gás hidrogênio (H_2)
Água (H_2O)	Gás oxigênio (O_2)
Ácido clorídrico (HCl)	Gás nitrogênio (N_2)

HF, H_2O e HCl são polares, porque nos três compostos o hidrogênio está ligado a elementos muito eletronegativos.

HF é a substância com maior polaridade, seguido de H_2O e, por último, HCl.

H_2, O_2 e N_2 são apolares, pois não há diferença de eletronegatividade nas moléculas.

2. Sobre ligações químicas, assinale a alternativa **incorreta**.
   a) Ligação covalente é aquela que ocorre pelo compartilhamento de elétrons entre dois átomos.
   b) O composto covalente HCl é polar em razão da diferença de eletronegatividade existente entre os átomos de hidrogênio e cloro.
   c) O composto formado entre um metal alcalino e um halogênio é covalente.
   d) A substância de fórmula Br_2 é apolar.
   e) A substância de fórmula CaI_2 é iônica.

Resolução

Alternativa incorreta: c

a) Correta. Esse tipo de ligação corresponde ao compartilhamento de elétrons entre não metais geralmente.

b) Correta. O cloro apresenta maior eletronegatividade do que o hidrogênio e, por isso, atrai o par de elétrons da ligação para si, provocando um desequilíbrio de cargas. A molécula HCl é polar porque se forma um polo negativo no cloro pelo acúmulo de carga negativa. Consequentemente, o lado do hidrogênio tende a ficar com carga positiva acumulada, formando um polo positivo.

c) Incorreta. O composto formado entre um metal alcalino e um halogênio é **iônico**. Por meio das ligações iônicas, os metais têm capacidade de doar elétrons e ficar com carga positiva, formando cátions; já os halogênios recebem os elétrons e formam ânions, espécies com carga negativa.
d) Correta. A molécula é diatômica e formada por átomos do mesmo elemento químico, então não há diferença de eletronegatividade.
e) Correta. Na ligação iônica, os elétrons são doados ou recebidos pelos átomos. No composto iônico, o cálcio doa dois elétrons e forma o cátion Ca^{2+}. O iodo recebe os elétrons do cálcio e forma uma espécie com carga negativa, I^{2-}.

Para uma molécula com mais de dois átomos, o momento de dipolo depende tanto da polaridade das ligações quanto da geometria das moléculas. Por exemplo, no dióxido de carbono, existe diferença de eletronegatividade entre os átomos, mas o momento dipolar resultante da molécula é igual a zero em razão da geometria linear. Assim, o CO_2 é uma substância apolar:

$$\overset{\delta-}{O}=\overset{\delta+}{C}=\overset{\delta-}{O}$$
$$\mu = 0$$

Os átomos de oxigênio, mais eletronegativos, atraem os elétrons da ligação para si. Como as ligações são equivalentes, ou seja, de mesma intensidade, mas em direções opostas, não há formação de dipolos na molécula, sendo uma molécula apolar.

O átomo de carbono também se liga com outros átomos além do oxigênio, como o nitrogênio, o enxofre e os halogênios, que são elementos mais eletronegativos. Logo, sempre que a molécula orgânica apresentar algum elemento químico que não seja o carbono ou o hidrogênio, ocorre um composto polar.

Polaridade da molécula

A molécula do etanol apresenta uma parte apolar e outra polar graças aos diferentes elementos que realizam as ligações.

Figura 2.12 – Diferença de eletronegatividade entre os átomos na molécula de etanol

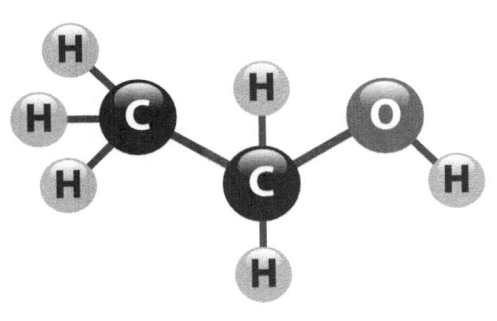

gstraub/Shutterstock

Na ligação entre dois átomos de um mesmo elemento químico, não existe diferença de eletronegatividade, razão pela qual a distribuição dos elétrons ao redor do núcleo dos átomos ocorre de modo equivalente, não se formando polos carregados na molécula.

Por exemplo, na molécula de etanol ($CH_3 - CH_2 - OH$), entre os dois átomos de carbono há uma ligação covalente em virtude da pequena diferença de eletronegatividade entre o carbono e o hidrogênio; essa parte da molécula tem característica apolar. Então, por conta dessa parte da molécula, CH_3CH_2-, o etanol é parcialmente solúvel na gasolina.

Figura 2.13 – Parte apolar da molécula de etanol

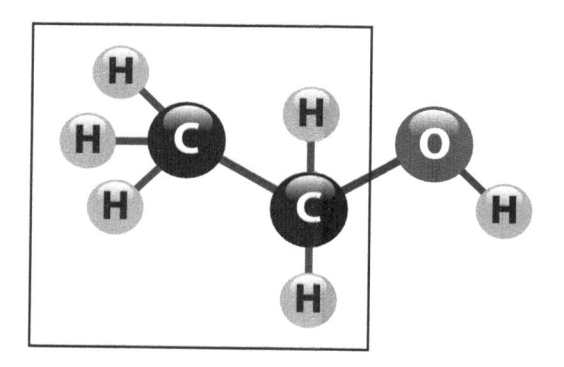

O elemento mais eletronegativo na molécula é o oxigênio; assim, as ligações com o carbono e com o hidrogênio são polares. O oxigênio fica com densidade de carga negativa (δ^-), e o carbono e o hidrogênio ficam com densidade de carga positiva (δ^+). Essa é a região da molécula, $CH_2 - OH$, que garante a solubilidade do etanol na água.

Figura 2.14 – Parte polar da molécula de etanol

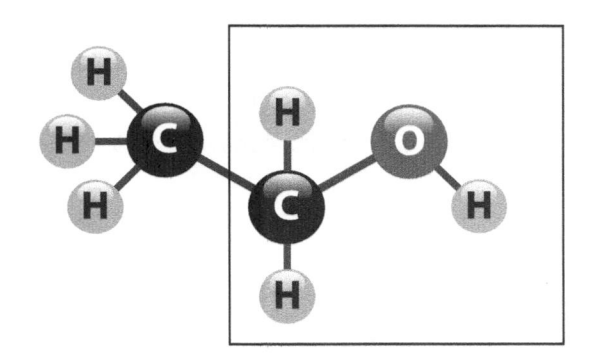

gstraub/Shutterstock

Fonte: Elaborado com base em Atkins; Jones, 2011.

A água é uma substância na qual a geometria tem grande influência na polaridade da molécula. Para descobrir como os átomos estão dispostos espacialmente em uma molécula, empregamos o método VSEPR, que significa *Valence Shell Electron Pair Repulsion*, ou repulsão eletrônica entre os pares de elétrons na camada de valência. Nesse método, são representados os pares de elétrons da camada de valência não ligados.
No entanto, esses elétrons não ligados se repelem, ocorrendo um distanciamento entre os pares, com força de repulsão insuficiente para quebrar a ligação entre os átomos. Essa distância é determinada pelo ângulo formado entre os átomos. Na molécula de água, por exemplo, um átomo de oxigênio faz ligação com dois átomos de hidrogênio, completando o octeto, restando,

ainda, dois pares de elétrons não ligados no oxigênio. Desse modo, a geometria angular da água se forma, principalmente, em decorrência da menor repulsão entre os pares de elétrons não ligados do oxigênio nessa geometria. Portanto, o arranjo dos átomos na geometria angular é consequência do efeito de repulsão.

Figura 2.15 – Estrutura da molécula de água

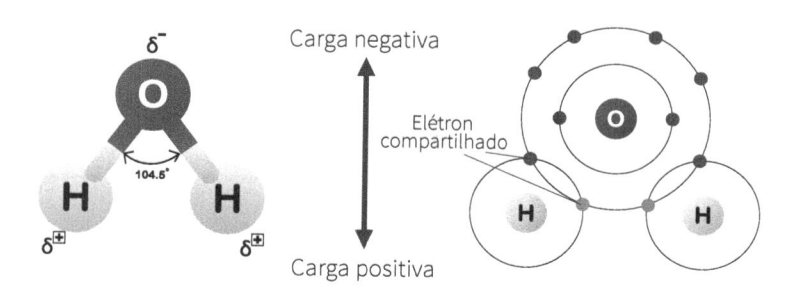

Em razão da geometria angular da água, a resultante do momento de dipolo é diferente de zero. Isso significa que os vetores não se cancelam e um dipolo permanente é formado, tornando a molécula de água polarizada.

Existe uma relação entre polaridade e solubilidade dos compostos químicos: semelhante dissolve semelhante. Esse conceito se refere a compostos com características similares de polaridade, o que significa que composto polar dissolve outro composto polar, e composto apolar dissolve outro composto apolar.

A **água** é um dos melhores solventes da natureza, capaz de dissolver uma infinidade de substâncias, como sais, gases, açúcares, proteínas etc. Essa alta capacidade deu à água a característica de **solvente universal**.

Geometria molecular

Trata-se do arranjo espacial da molécula, envolvendo os ângulos das ligações e as regiões de alta concentração eletrônica que se repelem. Elétrons ligantes e pares isolados se posicionam tão longe quanto possível um do outro para minimizar a repulsão entre eles.

A geometria molecular pode ser classificada como:

- **Geometria linear**: apresenta ângulos de 180° e ocorre em moléculas com três átomos. Exemplos: XeF_2 (difluoreto de xenônio), BeF_2 (fluoreto de berílio), HCl (ácido clorídrico), CO_2 (gás carbônico), BeH_2 (hidreto de berílio), C_2H_2 (acetileno).
- **Geometria angular**: apresenta ângulos menores que 120° e ocorre em moléculas com três átomos. Exemplos: SF_2 (difluoreto de enxofre), H_2O (água), SO_2 (dióxido de enxofre), O_3 (ozônio).
- **Geometria trigonal plana**: apresenta ângulo de 120° e se forma com a presença de três nuvens eletrônicas na camada de valência. Exemplos: BH_3 (borano), SO_3 (óxido sulfúrico), $COCl_2$ (fosgênio), NO_3^- (nitrato), BF_3 (trifluoreto de boro), H_2CO_3 (ácido carbônico).
- **Geometria piramidal**: apresenta ângulos de 110° e se forma com a presença de quatro nuvens eletrônicas onde se formam três ligações químicas e um par de elétrons não ligados ao redor do átomo central. Exemplos: H_3O^+ (hidrônio), ClO_3^- (clorato), PCl_3 (tricloreto de fósforo), NH_3 (amoníaco).

- **Geometria tetraédrica**: apresenta ângulo de 109°28' e ocorre em moléculas com cinco átomos. A geometria se forma ao redor de um átomo central, que se liga a quatro outros átomos. Exemplos: CH_3Cl (clorometano), CH_4 (metano), NH_4^+ (íon amônio).

Figura 2.16 – Tipos de geometria molecular

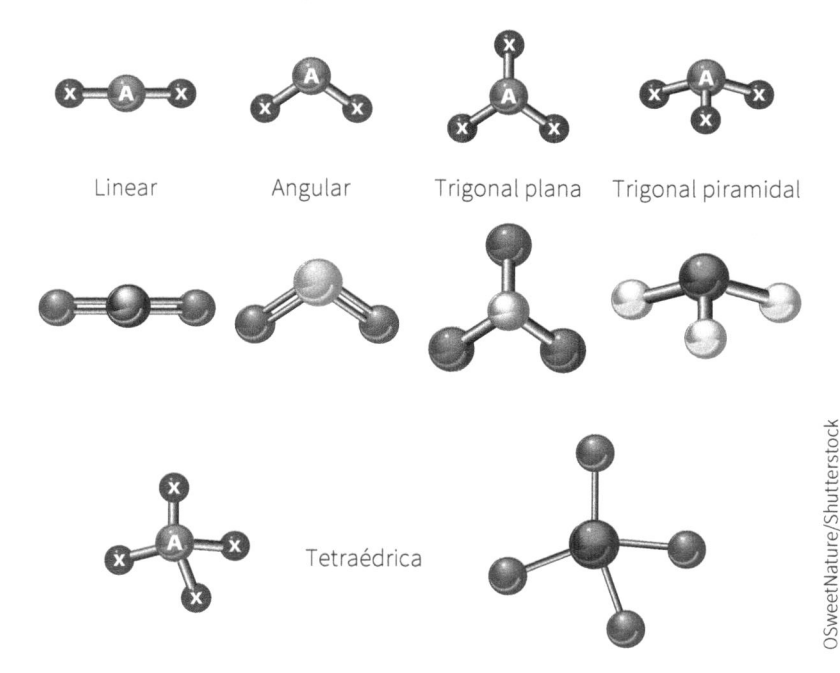

Linear   Angular   Trigonal plana   Trigonal piramidal

Tetraédrica

OSweetNature/Shutterstock

A geometria molecular é consequência da minimização da repulsão dos pares de elétrons ligantes e não ligantes. É um dos fatores importantes para a determinação das propriedades da substância, como polaridade, pontos de fusão e ebulição, solubilidade, dureza, entre outras.

2.3 Forças intermoleculares

As forças intermoleculares são forças de atração física associadas à polaridade das moléculas. Essas forças de interação respondem pela atração entre as moléculas, impedindo sua expansão. Sem elas, não existiriam substâncias líquidas ou sólidas; todas estariam na fase gasosa. Quando uma substância muda do estado sólido para o líquido, ocorre um afastamento das moléculas e a força de atração entre elas diminui; portanto, quanto mais intensa é a força de atração intermolecular, maiores são o ponto de fusão e o de ebulição de uma substância.

Figura 2.17 – Estados físicos da matéria e forças de atração na molécula de água

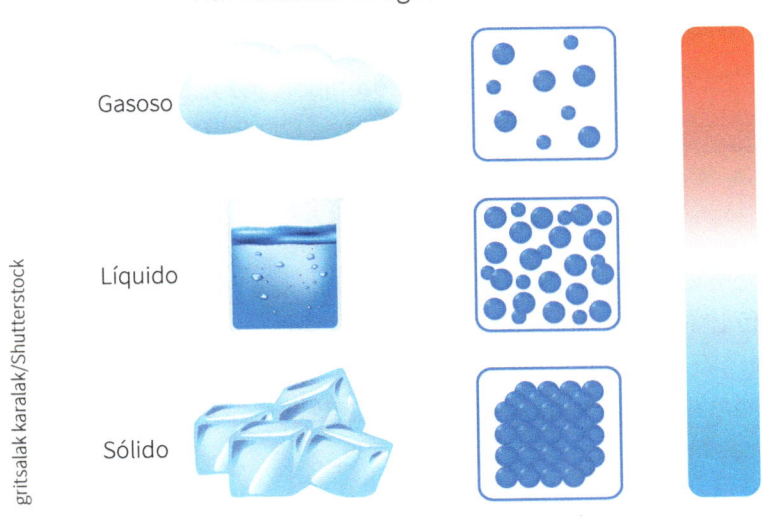

Assim, as forças intermoleculares são exercidas entre as moléculas, e as intramoleculares, no interior delas. Aquelas são muito mais fracas do que estas.

As forças intermoleculares são classificadas por sua intensidade, conforme especificamos a seguir.

Forças dipolo induzido ou de London

São forças de atração de fraca intensidade que acontecem entre moléculas apolares. As nuvens eletrônicas ficam distorcidas, formando um dipolo, denominado *dipolo instantâneo*. Uma molécula vizinha é polarizada por indução elétrica. É possível que duas moléculas adjacentes neutras sejam afetadas. As forças de dispersão de London aumentam à medida que a massa molecular aumenta.

Figura 2.19 – Interação dipolo induzido-dipolo induzido entre moléculas apolares (forças de London)

rktz/Shutterstock

Polarizabilidade é um termo utilizado quando há facilidade de distribuição de cargas em uma molécula distorcida por um campo elétrico externo. Quanto maior é a molécula ou maior o número de elétrons de um átomo, mais facilmente ocorre a polarizabilidade.

Forças dipolo permanente ou dipolo-dipolo

São forças de interação de média intensidade que ocorrem entre moléculas polares nas quais um polo negativo é atraído pelo positivo de outra molécula, formando diversas moléculas com polos contrários, que atraem polos de outras moléculas. Há uma combinação de forças dipolo-dipolo atrativas e repulsivas quando as moléculas estão em movimento.

Figura 2.20 – Interação dipolo-dipolo entre moléculas polares

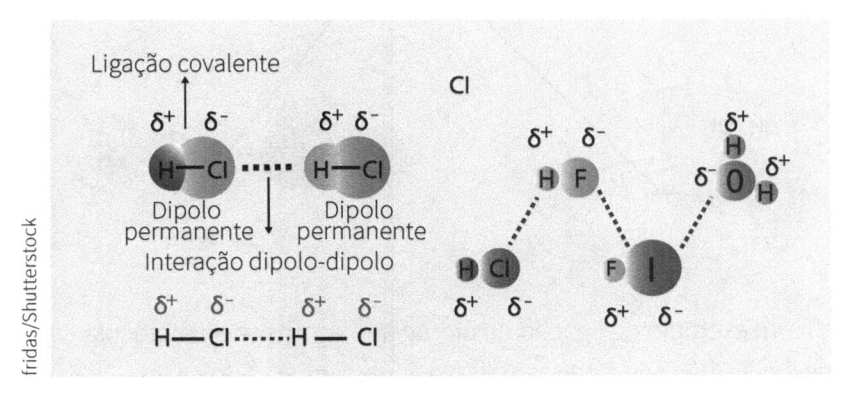

Ligação de hidrogênio

Trata-se de interação de forte intensidade. Constitui um caso especial de forças dipolo-dipolo, pois ocorre em moléculas polares quando o hidrogênio de uma molécula é ligado a átomos como oxigênio, flúor e nitrogênio, por serem pequenos e extremamente eletronegativos. É a força intermolecular mais forte, porque existe uma grande diferença de eletronegatividade entre os elementos.

Figura 2.21 – Ligação de hidrogênio entre o hidrogênio e outro átomo muito eletronegativo

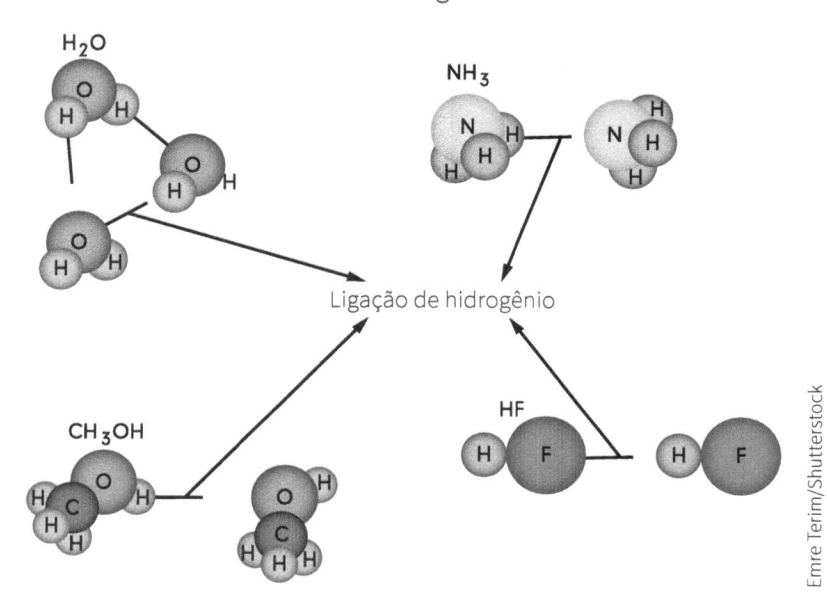

Um exemplo de ligação de hidrogênio acontece na molécula de água, H_2O, nos estados sólido e líquido; no estado gasoso, a força das ligações de hidrogênio é praticamente nula, em virtude da baixa interação entre as moléculas.

Na molécula de água em estado sólido ou líquido, os elétrons se encontram muito mais próximos do oxigênio do que do hidrogênio. A diferença de eletronegatividade entre hidrogênio e oxigênio gera, no átomo de hidrogênio, uma carga parcial positiva ($H\delta^+$); consequentemente, as ligações de hidrogênio são muito fortes.

Figura 2.22 – Ligação de hidrogênio na molécula de água nas fases sólida e líquida

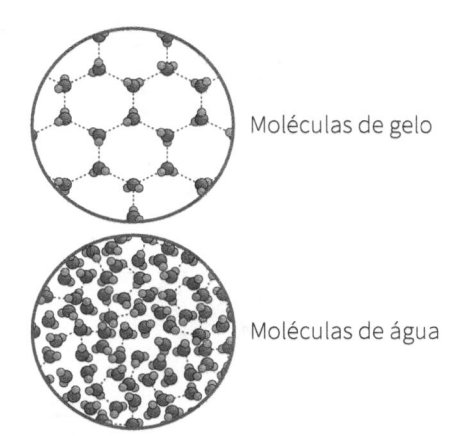

Moléculas de gelo

Moléculas de água

udaix/Shutterstock

Antigamente, o nome mais comum utilizado para essa força de interação era *ponte de hidrogênio*. No entanto, atualmente a International Union of Pure and Applied Chemistry (Iupac) recomenda o uso do termo *ligação de hidrogênio*.

Forças íon-dipolo

A mais forte de todas as forças de atração ocorre com compostos iônicos em meio aquoso. Essa força intermolecular está diretamente relacionada com a solubilidade de compostos iônicos que se dissolvem em água. O processo é conhecido como *solvatação*, em que moléculas dos íons são rodeadas pela água, sem formar uma nova substância. A solvatação pode ocorrer tanto em soluções iônicas quanto em moleculares.

Figura 2.23 – Interação íon-dipolo entre substâncias iônicas

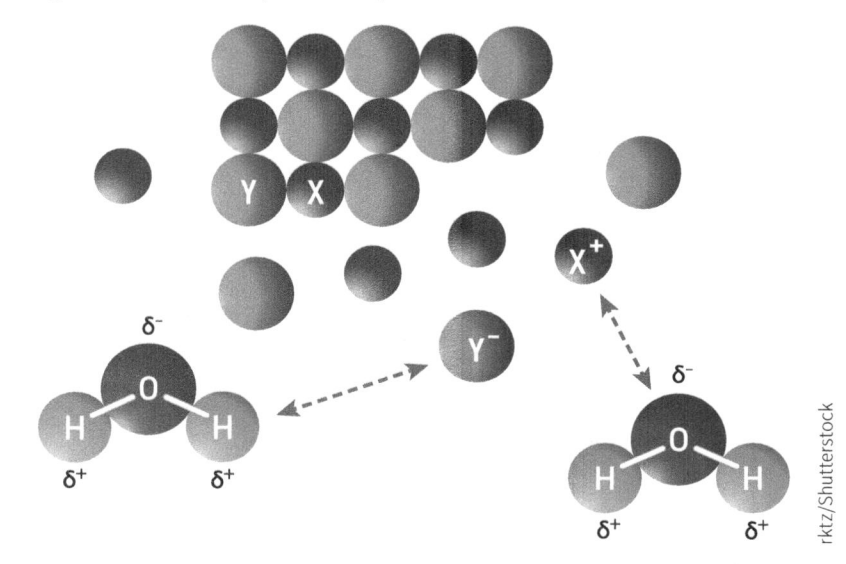

A dissolução é, portanto, um processo de dispersão molecular que acontece com a diminuição das forças de atração intermolecular presentes no soluto, em um processo de **solvatação**. Contudo, quando o solvente é a água, o processo é de **hidratação**.

Figura 2.24 – Processo de hidratação: solubilidade do açúcar

Açúcar em água — Solvente / Solução
Açúcar dissolvendo em água
Solução de açúcar

○ Açúcar   ● Água

Por que o gelo flutua na água?

Porque há diminuição da densidade da água no estado sólido.

Figura 2.25 – Estrutura da molécula de água nos estados sólido e líquido

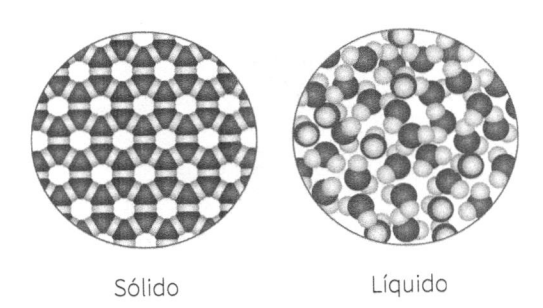

Sólido   Líquido

Isso só é possível graças às ligações de hidrogênio que ocorrem entre as moléculas de água. Quando a água passa do estado líquido para o estado sólido, formam-se estruturas cristalinas hexagonais, o que reduz a densidade da água em virtude dos espaços vazios gerados pelas ligações de hidrogênio, tornando a estrutura do cristal de gelo mais rígida. Na água líquida, as moléculas ficam dispostas tridimensionalmente, mas de modo mais aleatório.

Figura 2.26 – Ligações de hidrogênio na molécula de água

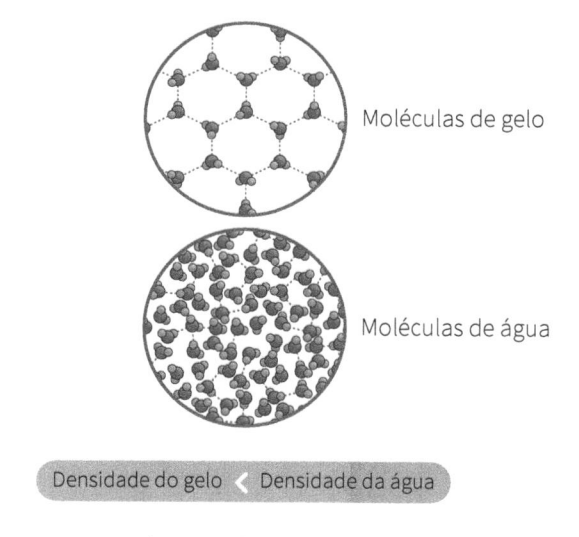

Moléculas de gelo

Moléculas de água

Densidade do gelo < Densidade da água

udaix/Shutterstock

A água se expande quando sua temperatura fica abaixo de 0 °C. Você já observou que, quando se coloca água para gelar em um recipiente fechado, ele estoura após a água se transformar em gelo? Por que isso ocorre? Porque esta é uma das propriedades da água: a capacidade de se expandir a baixas temperaturas. Um recipiente fechado contendo água até sua capacidade quase total, quando levado ao *freezer*, estoura porque a água contida em seu interior sofre um processo de expansão.

Fonte: Elaborado com base em Atkins; Jones, 2011.

2.4 Ligação metálica

A ligação metálica é a mais elementar das ligações químicas. Acontece quando átomos de elemento metálico perdem os elétrons para um "mar de elétrons". A força da ligação surge em decorrência da atração desses elétrons e dos cátions resultantes da saída dos elétrons. Os elétrons de valência são divididos com todos os átomos, não estão ligados a nenhum átomo em particular e, assim, estão livres para circular. Segundo a teoria do mar de elétrons, um metal seria um aglomerado de cátions mergulhados em uma nuvem de elétrons livres, que são os elétrons deslocalizados.

Figura 2.27 – Modelo da nuvem de elétrons da ligação metálica

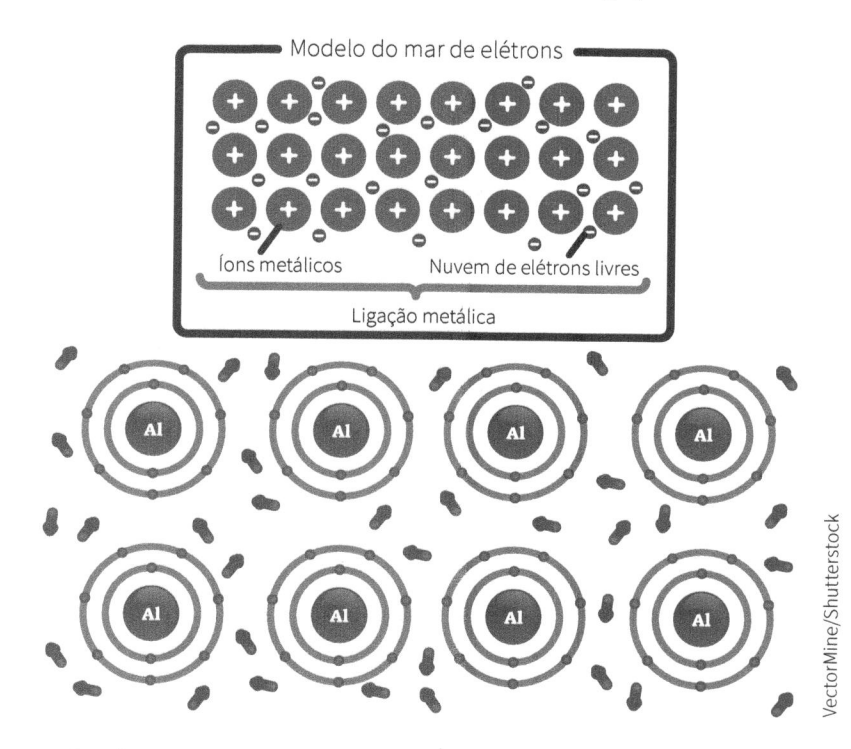

Modelo do mar de elétrons
Íons metálicos
Nuvem de elétrons livres
Ligação metálica

VectorMine/Shutterstock

Os elementos que fazem esse tipo de ligação são caracterizados pelas baixas energias de ionização, pertencem à família dos metais alcalinos, metais alcalino-terrosos e metais de transição, além de alguns elementos do bloco p.

As propriedades dos metais se devem à mobilidade dos elétrons de valência do orbital d disponíveis em uma nuvem de elétrons, tornando-os maleáveis e dúcteis. Já o brilho característico dos metais advém da resposta dos elétrons a uma onda incidente de radiação eletromagnética.

As ligas metálicas são substâncias resultantes da mistura de dois ou mais elementos, entre os quais pelo menos um é metal. Pela combinação de metais, é possível obter materiais com propriedades diferenciadas, que os metais individualmente não apresentam.

2.5 Propriedades da matéria

Toda espécie de matéria, independentemente da fase de agregação em que se encontre, apresenta propriedades que, em conjunto, permitem identificá-la e diferenciá-la das demais. As aplicações do material dependem diretamente de suas propriedades.

2.5.1 Propriedades gerais da matéria

São características comuns a toda espécie de matéria:

- **impenetrabilidade**: dois corpos não podem ocupar o mesmo espaço simultaneamente;
- **divisibilidade**: a matéria pode ser dividida várias vezes sem ter suas características alteradas;
- **compressibilidade**: ao sofrer pressão externa, uma substância gasosa tem seu volume reduzido;

- **elasticidade**: um material sólido pode ser esticado ou comprimido por forcas externas e voltar a seu formato original assim que a força for retirada, sem comprometimento de suas estruturas;
- **inércia**: os materiais tendem a permanecer em repouso ou em movimento até que uma força externa atue sobre eles e modifique a situação original.

2.5.2 Propriedades específicas da matéria

As características próprias de cada material são classificadas em organolépticas, químicas, funcionais e físicas.

- Propriedades **organolépticas** envolvem os sentidos:
    - **visão**: cor, aspecto geral;
    - **olfato**: odor característico;
    - **paladar**: sabores (doce, salgado, azedo, amargo e adstringente);
    - **tato**: textura ou aspecto da superfície, que pode ser lisa, rugosa, áspera, macia, ondulada, em pó ou granulosa;
    - **audição**: som que acompanha determinados fenômenos físicos e químicos.
- Propriedades **químicas** determinam o tipo de transformação que cada material pode sofrer; relacionam-se à habilidade de as substâncias reagirem entre si, formando novas substâncias.
- Propriedades **funcionais** são classificadas por grupos de matérias, identificados pela função que desempenham:

- **acidez**: sabor azedo – pode ser encontrado em substâncias como o vinagre, em razão do ácido acético;
- **basicidade**: sabor adstringente, que "amarra" a boca, diminuindo a salivação – pode ser encontrada no leite de magnésia, em virtude do hidróxido de magnésio;
- **salinidade**: sabor salgado – pode ser encontrada no sal de cozinha; graças ao cloreto de sódio.
- Propriedades **físicas** são parâmetros obtidos experimentalmente segundo o comportamento de materiais específicos submetidos a determinadas condições de temperatura e pressão, como pontos de fusão e de ebulição, densidade, solubilidade, dureza, cor e estado físico da matéria. São, portanto, características observadas ou medidas por meio da transformação da substância. As propriedades físicas podem ser:
    - **intensivas**: independem do tamanho da amostra, como temperatura, ponto de fusão e de ebulição, cor, solubilidade, densidade e potencial de oxirredução;
    - **extensivas**: dependem da extensão ou do tamanho da amostra, como massa, volume e variação de entalpia (ΔH).

Exercícios resolvidos

1. As propriedades utilizadas para distinguir um material do outro são divididas em organolépticas, físicas e químicas. Associe a primeira coluna com a segunda e assinale a alternativa que apresenta a ordem correta das respostas, de cima para baixo.

Primeira coluna	Segunda coluna
(A) Propriedade organoléptica	( ) Sabor
	( ) Ponto de fusão
(B) Propriedade física	( ) Combustibilidade
	( ) Reatividade
	( ) Densidade
(C) Propriedade química	( ) Odor
	( ) Estados da matéria

a) A, B, C, C, B, A, B.
b) A, B, C, A, B, C, B.
c) A, C, B, C, B, C, B
d) A, B, C, B, B, A, B.
e) C, B, A, C, B, A, B.

Resolução

Resposta correta: a

Propriedades organolépticas (A) são percebidas por órgãos dos sentidos:

□ sabor: reconhecido pelo paladar;
□ odor: reconhecido pelo olfato.

Propriedades físicas (B) não dependem de transformações, ou seja, são inerentes à matéria:

□ ponto de fusão: temperatura em que a substância muda da fase sólida para a líquida;
□ densidade: quantidade de matéria em determinado volume;
□ estados da matéria: sólido, líquido e gasoso.

Propriedades químicas (C) são obtidas pela transformação/reação química:

- combustibilidade: tendência de sofrer combustão e produzir calor, chama e gases;
- reatividade: tendência a reagir quimicamente.

2. Quais propriedades podem ser avaliadas para verificar se um volume de álcool anidro não foi adulterado com a adição de água?
   I. Densidade
   II. Volume
   III. Temperatura de ebulição
   IV. Massa

   Assinale a combinação correta:
   a) I e II.
   b) I e III.
   c) I e IV.
   d) II e III.
   e) III e IV.

   Resolução

   Resposta correta: b
   I. Correta. É uma propriedade específica que determina a concentração de matéria em determinado volume. Para medir essa propriedade física, é preciso considerar a interação entre a massa do material e o volume que ele ocupa.
   II. Incorreta. É uma propriedade geral e se aplica a qualquer matéria, independentemente de sua constituição.

III. Correta. É uma propriedade específica que determina a mudança do estado líquido para o estado gasoso. Ocorre quando uma porção de líquido, submetida a dada pressão, recebe calor e atinge determinada temperatura.
A quantidade de calor que o corpo deve receber para se transformar totalmente em vapor depende da substância que o constitui. Assim, ao misturar o álcool com água, aquele terá seu ponto de ebulição alterado.
IV. Incorreta. É uma propriedade geral e se aplica a qualquer matéria, independentemente de sua constituição.

3. (PUC-SP) Numa indústria de fabricação do metanol, CH_3OH, a queda acidental do álcool no reservatório de água potável tornou-a imprópria para o consumo. Apesar do incidente, duas características da água potável permaneceram inalteradas:
   a) sabor e ponto de ebulição.
   b) odor e calor específico.
   c) cor e condutividade elétrica.
   d) sabor e ponto de fusão.

Resolução

Resposta correta: c

a) Errada. O ponto de ebulição da água é 100 °C, já do metanol é 64,7 °C. Na mistura dessas duas substâncias, esses valores são alterados.
b) Errada. O calor específico determina a quantidade de calor necessária para aumentar a temperatura de 1 °C de 1 g da substância. O calor específico da água 1 cal/g · °C, já do metanol é 0,599 cal/g a 20 °C. Na mistura dessas duas substâncias, esses valores são alterados.

c) Correta. Tanto a água quanto o metanol são incolores; por isso, o derramamento de metanol na água não causa alteração perceptível pela visão, já que se forma uma mistura homogênea. A condutividade elétrica da água não se altera porque o metanol é um composto molecular e eletricamente neutro, e a água conduz eletricidade pela formação de espécies iônicas em solução,

d) Errada. O ponto de fusão da água é 0 °C, já do metanol é −97,6 °C. Na mistura dessas duas substâncias, esses valores são alterados.

2.6 Influência das ligações químicas nas propriedades dos materiais

As propriedades físicas dos materiais, como ponto de ebulição e fusão, densidade, dureza, maleabilidade, ductilidade, solubilidade, estão relacionadas com o tipo de ligação química que seus átomos realizam, mas as propriedades não dependem unicamente do tipo de ligação química. Outros fatores são importantes, como a polaridade, a massa molar e o tipo de forças intermoleculares entre suas moléculas, átomos ou partículas.

As principais propriedades decorrentes do tipo de ligações são as elencadas a seguir.

- **Propriedades das substâncias iônicas:**
  - a atração entre os íons forma retículos cristalinos com geometria definida;
  - os compostos são sólidos na condição ambiente (25 °C e 1 atm);
  - são sólidos quebradiços – sob pressão, os íons com mesma carga se afastam, desestruturando o cristal;
  - apresentam alta dureza;
  - têm elevados pontos de fusão e ebulição;
  - são bons condutores elétricos em solução aquosa;
  - são substâncias polarizadas.
- **Propriedades das substâncias moleculares:**
  - em condição ambiente, podem ser encontradas na fase sólida, líquida ou gasosa;
  - apresentam pontos de fusão e ebulição menores que os das substâncias iônicas;
  - podem ser compostos polares ou apolares; depende da diferença de eletronegatividade entre os átomos;
  - são substâncias puras, não conduzem corrente elétrica;
  - as ligações covalentes são importantes para o organismo humano e a vida animal e vegetal, pois é por meio delas que se formam proteínas, aminoácidos, lipídeos, carboidratos e outros compostos orgânicos essenciais.
- **Propriedades das substâncias metálicas:**
  - são sólidas em condição ambiente – apenas o mercúrio é líquido;
  - apresentam brilho metálico;
  - são bons condutores elétricos e térmicos;
  - têm alta densidade por suas estruturas compactas;

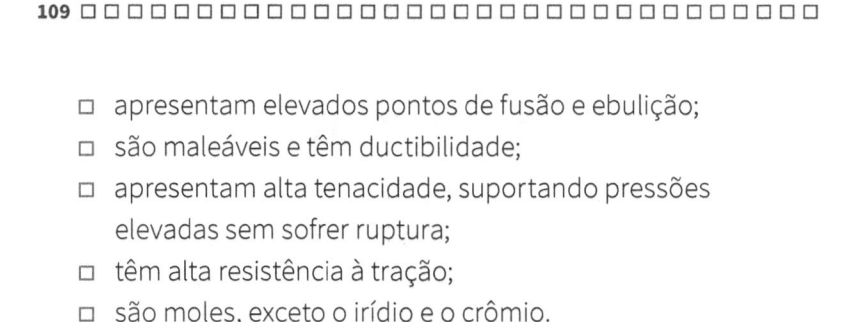

- apresentam elevados pontos de fusão e ebulição;
- são maleáveis e têm ductibilidade;
- apresentam alta tenacidade, suportando pressões elevadas sem sofrer ruptura;
- têm alta resistência à tração;
- são moles, exceto o irídio e o crômio.

Síntese

Neste capítulo, abordamos alguns conceitos importantes sobre ligações químicas:

- Segundo a regra do octeto, o átomo adquire estabilidade com os orbitais *s* e *p* completos.
- Na ligação iônica, ocorre a transferência completa dos elétrons, formando **íons**.
- Na ligação covalente, acontece o compartilhamento de elétrons.
- A polaridade da ligação é influenciada pela diferença de eletronegatividade da molécula.
- Geometria molecular é a forma como os átomos estão dispostos em uma molécula. A teoria ou modelo de repulsão de pares de elétrons no nível de valência (VSEPR) mostra como os pares eletrônicos da camada de valência se repelem, formando ângulos entre os ligantes.
- As forças intermoleculares são forças de atração entre as moléculas formadas por ligações covalentes.
- Na ligação metálica, os átomos do metal formam nuvem de elétrons deslocalizados.

Atividades de autoavaliação

1. Sobre a molécula de amônia, assinale a alternativa correta:
   a) A geometria molecular corresponde a um tetraedro regular.
   b) O átomo de nitrogênio e dois átomos de hidrogênio ocupam os vértices de um triângulo equilátero.
   c) O centro da pirâmide formada pelos átomos de nitrogênio e pelos átomos de hidrogênio é ocupado pelo par de elétrons livres.
   d) Os átomos de hidrogênio ocupam os vértices de um triângulo equilátero.
   e) As arestas da pirâmide formada pelos átomos de nitrogênio e pelos átomos de hidrogênio correspondem a ligações iônicas.

2. Analise as propriedades físicas expostas no quadro a seguir.

   Quadro A – Amostras e propriedades físicas

Amostra	Ponto de fusão (°C)	Ponto de ebulição (°C)	Condutividade elétrica a 25 °C	Condutividade elétrica a 1.000 °C
A	801	1.413	Isolante	Condutor
B	43	182	Isolante	–
C	1.535	2.760	Condutor	Condutor
D	1.248	2.250	Isolante	Isolante

Segundo os modelos de ligação química, A, B, C e D podem ser classificadas, respectivamente, como:
a) composto iônico, metal, substância molecular, metal.
b) metal, composto iônico, composto iônico, substância molecular.
c) composto iônico, substância molecular, metal, metal.
d) substância molecular, composto iônico, composto iônico, metal.
e) composto iônico, substância molecular, metal, composto iônico.

3. Assinale a alternativa que contém a afirmação **incorreta**:
   a) Ligação covalente é aquela que ocorre pelo compartilhamento de elétrons entre dois átomos.
   b) O composto covalente HCl é polar, em razão da diferença de eletronegatividade existente entre os átomos de hidrogênio e cloro.
   c) O composto formado entre um metal alcalino e um halogênio é covalente.
   d) A substância de fórmula Br_2 é apolar.
   e) A substância de fórmula CaI_2 é iônica.

4. Sobre as forças de atração intermoleculares, analise as afirmativas a seguir e indique V para as afirmações verdadeiras e F para as falsas.
   ( ) O álcool etílico apresenta interações do tipo ligações de hidrogênio.
   ( ) A molécula de água apresenta interações do tipo ligações de hidrogênio.

( ) A molécula de água apresenta interações do tipo dipolo-dipolo.
( ) A molécula de dióxido de carbono apresenta interações do tipo dipolo induzido.

Agora, assinale a alternativa que apresenta a sequência correta:
a) V – F – V – V.
b) F – V – F – V.
c) V – V – F – F.
d) V – V – F – V
e) F – V – V – F.

5. Qual das alternativas apresenta substâncias formadas somente por meio de ligações covalentes?
a) K_2SO_4, H_2O, CO_2, Na_2O.
b) Si, C, P_4, N_2, Zn.
c) NaCl, $AsCl_3$, CCl_4, $TiCl_4$.
d) H_2SO_4, HNO_3, PCl_5.
e) NaCl, Mg_2Cl, Al_2O_3.

6. As unidades constituintes dos sólidos: óxido de magnésio (MgO), iodo (I_2) e platina (Pt) são, respectivamente:
a) átomos, íons e moléculas.
b) íons, átomos e moléculas.
c) íons, moléculas e átomos.
d) moléculas, átomos e íons.
e) moléculas, íons e átomos.

7. O cloreto de sódio (NaCl), o pentano (C_5H_{12}) e o álcool comum (CH_3CH_2OH) têm suas estruturas constituídas, respectivamente, por ligações:
   a) iônicas, covalentes e covalentes.
   b) covalentes, covalentes e covalentes.
   c) iônicas, covalentes e iônicas.
   d) covalentes, iônicas e iônicas.
   e) iônicas, iônicas e iônicas.

8. Quando o elemento X (Z = 19) se combina com o elemento Y (Z = 17), obtém-se um composto cuja fórmula molecular e cujo tipo de ligação são:
   a) XY e ligação covalente apolar.
   b) X_2Y e ligação covalente fortemente polar.
   c) XY e ligação covalente coordenada.
   d) XY_2 e ligação iônica.
   e) XY e ligação iônica.

9. Todas as afirmações sobre ligações químicas estão corretas, **exceto**:
   a) Não metal + hidrogênio → ligação covalente
   b) Não metal + não metal → ligação covalente
   c) Substância que apresenta ligações iônicas e covalentes é classificada como covalente
   d) Metal + metal → ligação metálica
   e) Metal + hidrogênio → ligação iônica

10. Em uma ligação química em que há grande diferença de eletronegatividade entre os átomos, ocorre formação de compostos:
a) moleculares.
b) de baixo ponto de fusão.
c) não condutores de corrente elétrica, quando fundidos.
d) insolúveis na água.
e) que apresentam retículo cristalino.

Atividades de aprendizagem
Questões para reflexão

1. Considere as moléculas de HF, HCl, H_2O, H_2, O_2 e CH_4.
   a) Classifique-as em dois grupos: polares e apolares.
   b) Em sua classificação, qual propriedade se refere ao átomo e qual se refere à molécula?

2. Como a eletronegatividade pode explicar a formação dos íons na ligação iônica?

Atividade aplicada: prática

1. Para dois elementos químicos A e B, com números atômicos, respectivamente, iguais a 20 e 35:
   a) escreva suas configurações eletrônicas;
   b) com base nas configurações, indique a que grupo da tabela periódica pertence cada um dos elementos;
   c) indique a fórmula do composto formado entre os elementos A e B. Que tipo de ligação existe entre A e B no composto formado? Justifique.

Capítulo 3

Misturas

Um dos objetos principais de estudo da química é a matéria, que pode ser definida como tudo aquilo que ocupa lugar no espaço. Essencialmente, a matéria pode ser classificada como substância pura ou mistura. Essas duas formas são subdivididas em outras classificações: substâncias simples/compostas e misturas homogêneas/heterogêneas. As substâncias podem se unir e fazer combinações de seus componentes; as misturas são formadas por mais de uma substância.

Figura 3.1 – Classificação das substâncias e misturas

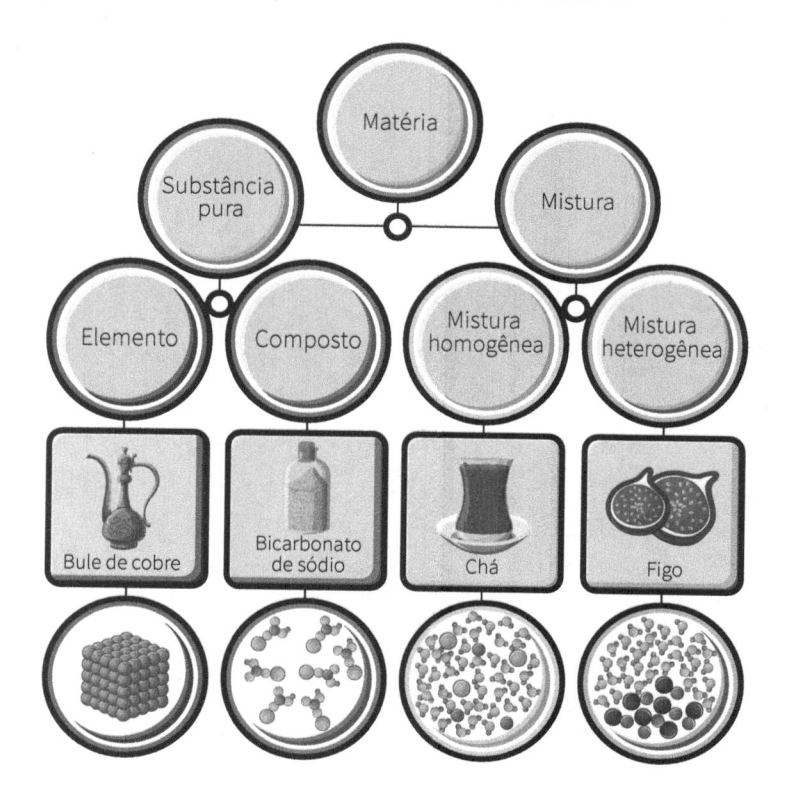

Substâncias são os mais variados tipos de matéria que constituem o universo. As substâncias classificadas como puras, têm em suas propriedades valores de pontos de fusão e ebulição constantes a dada pressão e densidade bem-definida.

As **substâncias simples** são aquelas formadas unicamente por átomos de um mesmo elemento químico (O_2, H_2, Cl_2, Fe, Al). As **substâncias compostas**, ou simplesmente compostos, são formadas por átomos de mais de um tipo de elemento químico (NaCl, H_2O, CO_2).

Misturas são formadas por duas ou mais substâncias puras, razão por que não têm propriedades físicas constantes, e a densidade varia conforme a proporção de cada componente. Os valores de ponto de fusão e de ebulição apresentam um intervalo de temperatura quando inicia e termina a mudança de estado físico.

O aspecto visual de um sistema é conhecido como fase. De acordo com o número de fases, as misturas podem ser: homogêneas, quando apresentam somente uma fase (sistema monofásico); ou heterogêneas, quando apresentam mais de uma fase (sistema polifásico).

3.1 Misturas homogêneas e heterogêneas

Misturas homogêneas apresentam uma única fase, ou seja, são monofásicas; toda sua extensão tem um único aspecto. Também podem ser chamadas de *solução*. Solução é uma mistura formada pela dissolução de um material (soluto) em outro (solvente), resultando em um sistema com uma única fase, em que apenas o solvente pode ser visualizado.

As misturas homogêneas podem se apresentar nas fases sólida, líquida ou gasosa. Alguns exemplos são as misturas líquidas de água com álcool e de água com açúcar. Misturas sólidas são as ligas metálicas, como latão (composto de cobre e zinco) e bronze (mistura de cobre e estanho). O ar atmosférico é uma mistura de vários gases, em que o nitrogênio e o oxigênio são os principais constituintes.

Aparentemente, o leite e o sangue poderiam ser classificados como misturas homogêneas. Entretanto, em um microscópio, visualizam-se os diferentes componentes da mistura ou, após processo de separação por centrifugação, identificam-se facilmente os componentes desses dois líquidos. Portanto, leite e sangue são, em verdade, misturas heterogêneas.

Misturas heterogêneas são aquelas que apresentam mais de uma fase, ou seja, seus componentes podem ser caracterizados pela observação visual ou por microscópio. Podem ser classificadas quanto à quantidade de fases: bifásicas (duas fases); trifásicas (três fases); polifásicas (quatro fases ou mais). Não existem misturas heterogêneas na fase gasosa.

Um exemplo de mistura heterogênea é a de água e óleo, um sistema de duas fases em que cada uma destas é composta por uma substância diferente. Já o granito é uma rocha resultante de uma mistura com três fases, cada uma proveniente de um tipo de rocha: quartzo, feldspato e mica. Os sistemas heterogêneos podem também ser formados por uma mesma substância, mas em diferentes fases de agregação, ou seja, diferentes estados físicos, como um copo de água líquida com gelo, a fase sólida da água.

Sangue humano

Visualmente (a olho nu), o sangue humano parece ser uma mistura homogênea, pois a diferença entre as misturas não é perceptível. Misturas heterogêneas como o sangue são classificadas como coloides.

Na análise em um microscópio ou após a separação por centrifugação, observam-se os diferentes componentes do sangue. Assim, este é classificado como uma mistura coloidal, com três fases distintas.

Figura 3.2 – Sangue, uma mistura coloidal

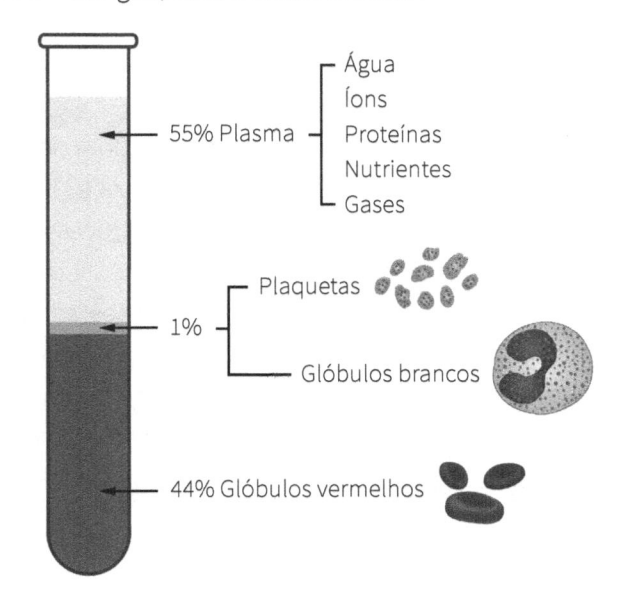

55% Plasma
- Água
- Íons
- Proteínas
- Nutrientes
- Gases

1%
- Plaquetas
- Glóbulos brancos

44% Glóbulos vermelhos

Fonte: Elaborado com base em Lacerda; Campos; Marcelino Jr., 2012.

3.2 Tipos de misturas

Já informamos que misturas homogêneas são aquelas em que não há diferenças entre as substâncias, são misturas uniformes, com apenas uma fase (monofásica). Isso acontece porque as substâncias se dissolvem e se tornam uma solução – por exemplo, quando é colocado açúcar em um copo de água e aquele se dissolve, compondo uma mistura homogênea líquida.

No entanto, algumas misturas têm o comportamento igual ao de substâncias puras quando submetidas à ebulição e à fusão, apesar de serem formadas pela mistura de dois elementos ou compostos distintos. São as chamadas *misturas eutéticas* ou *azeotrópicas*.

Mistura eutética

É a mistura homogênea de componentes no estado sólido. Apresenta a concentração de seus constituintes fixa e se comporta como uma substância pura durante o processo de fusão (sólido → líquido) ou solidificação (líquido → sólido). Isso significa que, quando a mistura sofre mudança de estado físico, a temperatura de fusão ou solidificação é fixa e constante até que toda a mistura se transforme. Um exemplo é a liga utilizada como **solda** metálica que contém exatamente 62% de Sn e 38% de Pb – nessas proporções, a solda tem ponto de fusão igual a 183 °C.

Mistura azeotrópica

É a mistura homogênea de componentes no estado líquido. Apresenta a concentração de seus constituintes fixa e se comporta como substância pura quanto à ebulição (líquido → gasoso) ou condensação (gasoso → líquido). Isso significa que, quando a mistura sofre mudança de estado físico, a temperatura de ebulição ou condensação é fixa e fica constante até que toda a mistura passe para o estado gasoso. O álcool comercial tem, em sua composição, 96% de etanol e 4% de água; o ponto de ebulição dessa mistura é de 78,1 °C. Já o etanol puro tem ponto de ebulição de 78,4 °C, e a água, de 100 °C.

É possível diferenciar uma mistura homogênea de uma substância pura por suas propriedades físicas. Uma **substância pura**, como a água destilada, apresenta ponto de fusão e de ebulição de 0 °C e 100 °C, respectivamente, e densidade de 1,0 g/cm^3, a 4 °C e ao nível do mar. Qualquer variação nesses parâmetros indica que a água não está pura e será uma mistura. Se adicionarmos sal na água, o valor da temperatura de ebulição será diferente de 100 °C.

As curvas de mudanças de estado físico mostram como acontece a variação de temperatura de uma amostra quando aquecida. Durante uma mudança de estado físico, a temperatura permanece a mesma, ou seja, é uma variação linear para substâncias puras com temperatura de fusão (TF) e temperatura de ebulição (TE) constantes.

Figura 3.3 – Curvas de mudança de estado físico de uma substância pura

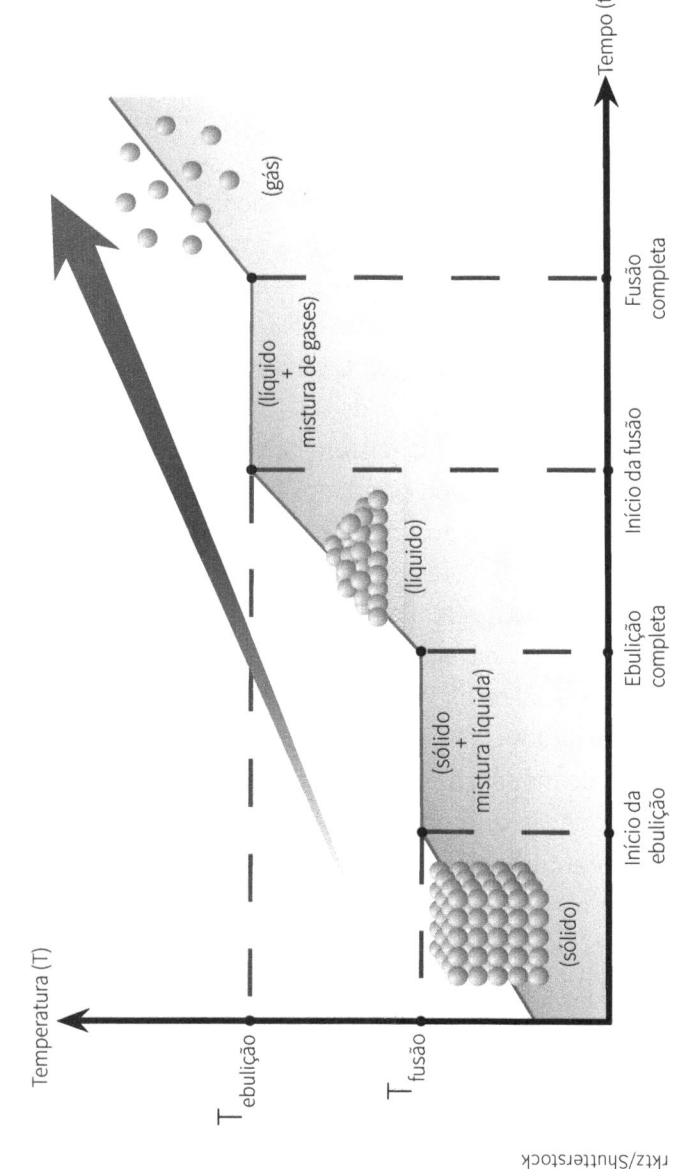

Em uma mistura isso não ocorre. Durante o aquecimento, é possível observar um ligeiro aumento da temperatura de fusão na transição de fase do estado sólido para o líquido; na mudança do estado líquido para o gasoso, isso ocorre na temperatura de ebulição. Quando a curva de aquecimento apresenta variação nos dois pontos, TF e TE, denomina-se *mistura comum*.

Nas misturas azeotrópicas, como a mistura de água e álcool, a TE se mantém constante, mas há variação da TF. Nas misturas eutéticas, ocorre variação da TE e a TF é constante, como acontece na mistura de água e sal e nas ligas metálicas em geral – a solda de estanho e chumbo, por exemplo, é composta de bronze (mistura de cobre com estanho), impossível de se separar por fusão.

Reiteramos que misturas heterogêneas são aquelas em que as substâncias não se dissolvem, ou seja, facilmente se observa a diferença entre as fases. Água e óleo formam uma mistura heterogênea, assim como água e areia. No entanto, nem sempre é possível identificar as fases da mistura heterogênea, sendo facilmente confundida com um sistema homogêneo. Em alguns casos, apenas a visualização por microscópio permite a identificação das fases da mistura, como o sangue, que já citamos.

As misturas heterogêneas são classificadas como suspensões ou coloides. Essa classificação é feita segundo o tamanho das partículas do componente em menor quantidade da mistura.

Suspensão ou mistura heterogênea grosseira

É a mistura heterogênea em que é possível a observação visual. As partículas têm tamanho maior do que 1.000 Å (angstrom; 1 Å = 0,1 nm).

Alguns exemplos são terra ou areia suspensa em água, leite de magnésia, pólvora, madeira e fumaça negra, que são partículas de carvão suspensas no ar. As suspensões podem ser separadas por meio de métodos simples de separação, como a decantação e a filtração.

Coloide ou solução coloidal

É a mistura heterogênea em que o disperso apresenta partículas com tamanho entre 10 e 1.000 Å; é impossível ver esse tamanho de partícula a olho nu. Além disso, o disperso só pode ser sedimentado ou decantado em uma centrífuga.

Leite e sangue são exemplos de soluções coloidais, conforme já mencionamos. Apesar da aparência uniforme, o leite é composto de água, gordura, proteínas e outros componentes em menor proporção. O sangue é composto de glóbulos, plaquetas e plasma. Outros exemplos são maionese, gelatina, manteiga, geleia, creme hidratante, isopor, chantili, espuma e aerossol.

3.3 Separação de misturas

Para se escolher o processo de separação dos componentes de uma mistura, é preciso considerar alguns fatores:

- **tipo de mistura**: homogênea ou heterogênea;
- **estado físico da matéria**: sólido, líquido ou gasoso;
- **propriedades físicas**: pontos de fusão e ebulição, densidade e solubilidade.

3.3.1 Métodos de separação para mistura homogênea

As misturas homogêneas apresentam apenas uma fase, e, por isso, os processos de separação são mais difíceis de serem executados. Logo, é necessário aplicar métodos específicos para separação, os quais envolvem o aquecimento da mistura até ebulição, condensação dos vapores e coleta da amostra separada.

Líquido + sólido

Evaporação: a mistura é aquecida até a completa evaporação do líquido em um sistema aberto e com posterior coleta da substância sólida.

Figura 3.5 – Aparato para aquecimento da mistura a ser separada por evaporação

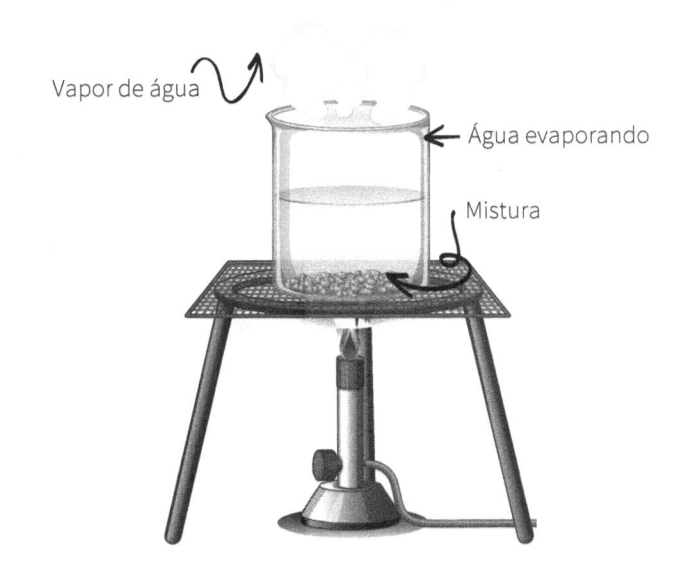

Vapor de água
Água evaporando
Mistura

BlueRingMedia/Shutterstock

Destilação simples: consiste em aquecer a mistura, e o líquido é separado do sólido por vaporização seguida de condensação. O líquido purificado, que é recolhido no processo de destilação, recebe o nome de *destilado*.

Figura 3.6 – Equipamento para destilação simples

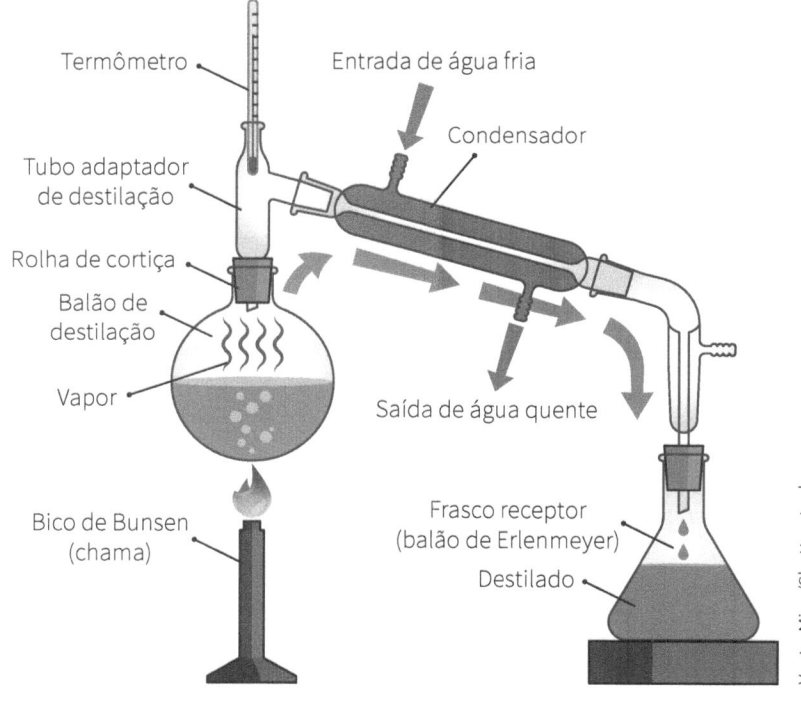

Líquido + líquido

Destilação fracionada: nesse caso, os componentes apresentam diferentes pontos de ebulição. Ao aquecer a mistura, primeiro evapora o componente mais volátil, por apresentar menor ponto de ebulição.

Figura 3.7 – Equipamento para destilação fracionada

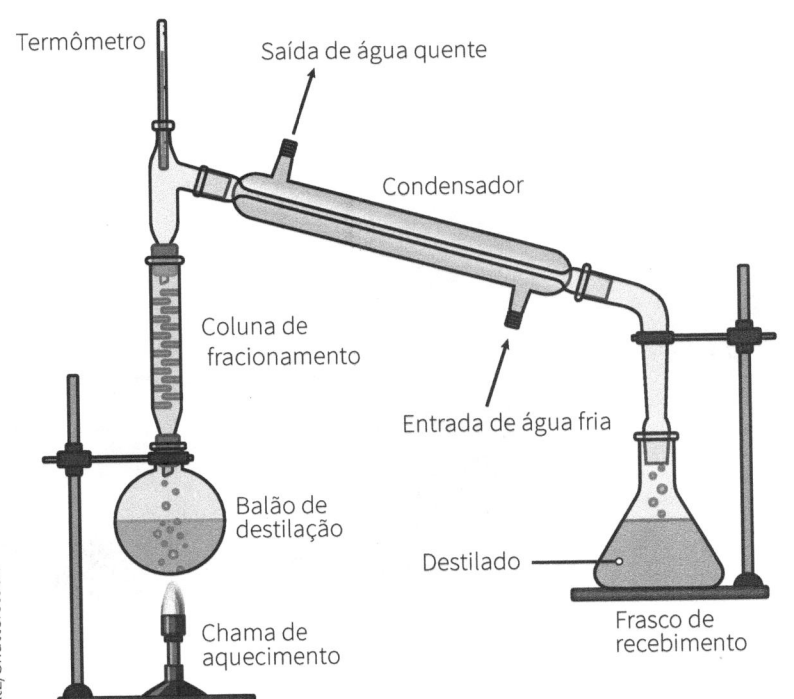

Esse método é utilizado na separação das frações do petróleo, por meio da qual, em temperaturas específicas, é obtido cada componente da mistura.

Figura 3.8 – Processo de separação das frações do petróleo por destilação fracionada

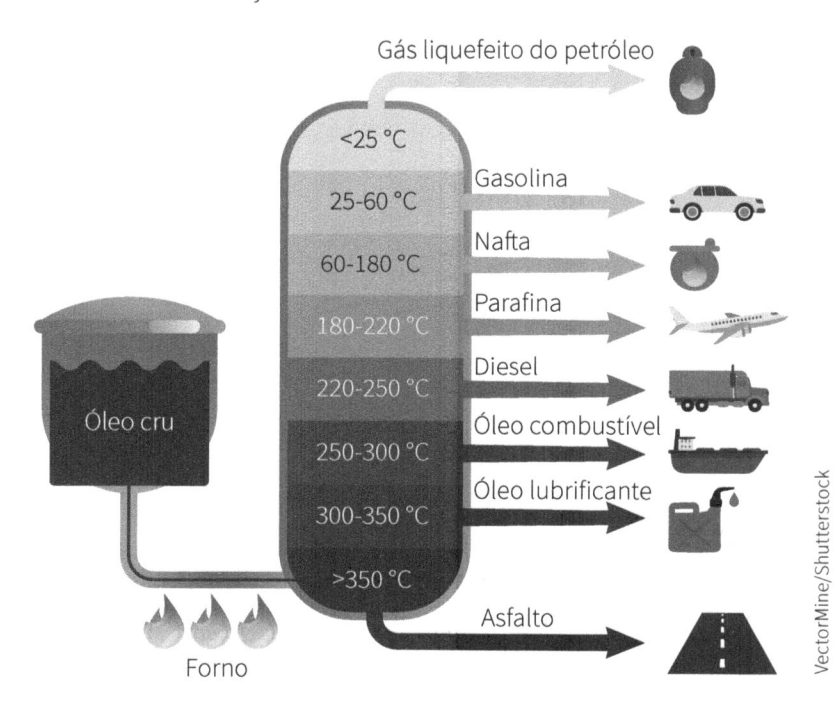

[Ilustração: coluna de destilação fracionada com óleo cru passando pelo forno e separação por faixas de temperatura:
- <25 °C: Gás liquefeito do petróleo
- 25-60 °C: Gasolina
- 60-180 °C: Nafta
- 180-220 °C: Parafina
- 220-250 °C: Diesel
- 250-300 °C: Óleo combustível
- 300-350 °C: Óleo lubrificante
- >350 °C: Asfalto

Crédito: VectorMine/Shutterstock]

Gás + gás

Liquefação fracionada: a mistura é submetida a resfriamento ou aplicação de pressão elevada para que todos os componentes se tornem líquidos. Depois, é empregado o processo de destilação fracionada, ou seja, a mistura é aquecida para voltar ao estado gasoso e, assim, seus componentes podem ser separados por meio da coluna de fracionamento, pela diferença de pontos de ebulição dos constituintes. É o método utilizado para separação dos gases que constituem o ar atmosférico, por exemplo.

Figura 3.9 – Equipamento para liquefação fracionada

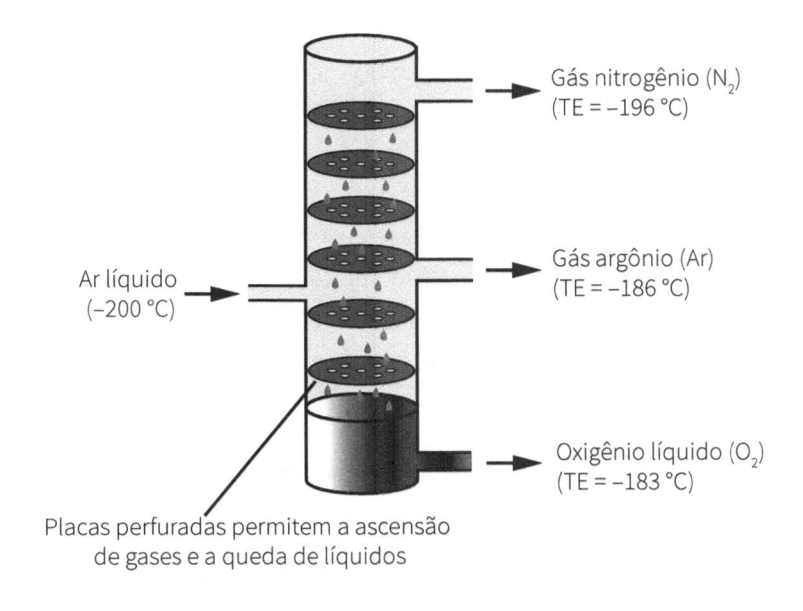

Gás nitrogênio (N_2)
(TE = –196 °C)

Ar líquido
(–200 °C)

Gás argônio (Ar)
(TE = –186 °C)

Oxigênio líquido (O_2)
(TE = –183 °C)

Placas perfuradas permitem a ascensão de gases e a queda de líquidos

Cromatografia

A cromatografia é uma técnica de separação e purificação de misturas que se vale das propriedades de solubilidade, tamanho e massa molecular dos constituintes para promover sua separação e identificação.

A técnica foi desenvolvida no início dos anos 1900, quando foram realizados experimentos que usavam extratos de folhas separados com diferentes solventes através de uma coluna de vidro recheada com uma mistura de carbonato de cálcio e alumina. A separação dos componentes ocorreu em faixas coloridas; daí deriva o nome *cromatografia*, que significa "escrito por cores".

O método consiste na separação dos componentes de uma mistura por meio da distribuição em duas fases distintas: uma **fase estacionária (FE)** e uma **fase móvel (FM)**. Durante a eluição da fase móvel na coluna, os componentes da amostra são disseminados entre as duas fases, resultando nas migrações diferenciais dos componentes da mistura.

A FM é o eluente, e a eluição é o processo de passagem do solvente pela fase estacionária. Já a FE é uma coluna, com uma fase fixa que contém uma matriz com um sólido ativo.

Figura 3.10 – Esquema de separação de amostra por cromatografia

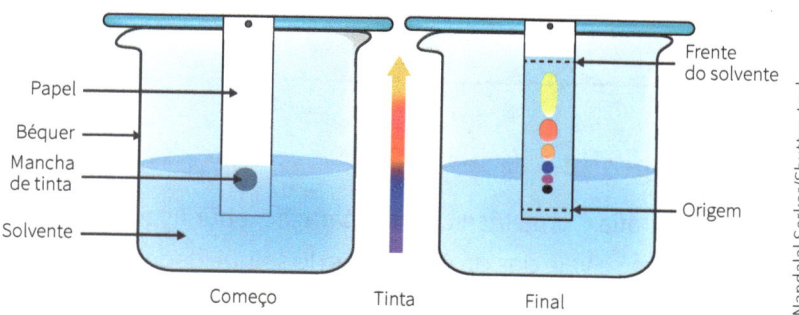

Fonte: Elaborado com base em Collins; Braga; Bonato, 2006.

3.3.2 Métodos de separação para mistura heterogênea

A maioria dos materiais encontrados na natureza são misturas, ou seja, podem ter duas ou mais substâncias em sua composição; por isso, são empregadas técnicas específicas de separação para cada caso. O método de separação pode ser físico ou químico, e a escolha deve levar em consideração as propriedades dos constituintes da mistura, por exemplo: ponto de fusão, ponto de ebulição, solubilidade, densidade. Desse modo, é possível identificar se será necessário utilizar apenas um método para separar a mistura ou mais de um.

Líquido + sólido

- **Decantação**: utiliza a diferença de densidade e a insolubilidade entre os componentes, pois, assim, o sólido se deposita no fundo do recipiente e o líquido pode ser removido.

Figura 3.11 – Aparato para separação de uma mistura por decantação

☐ **Centrifugação**: utiliza uma centrífuga para decantar e separar os materiais com diferentes densidades.

Figura 3.12 – Processo de centrifugação para separação dos constituintes do sangue

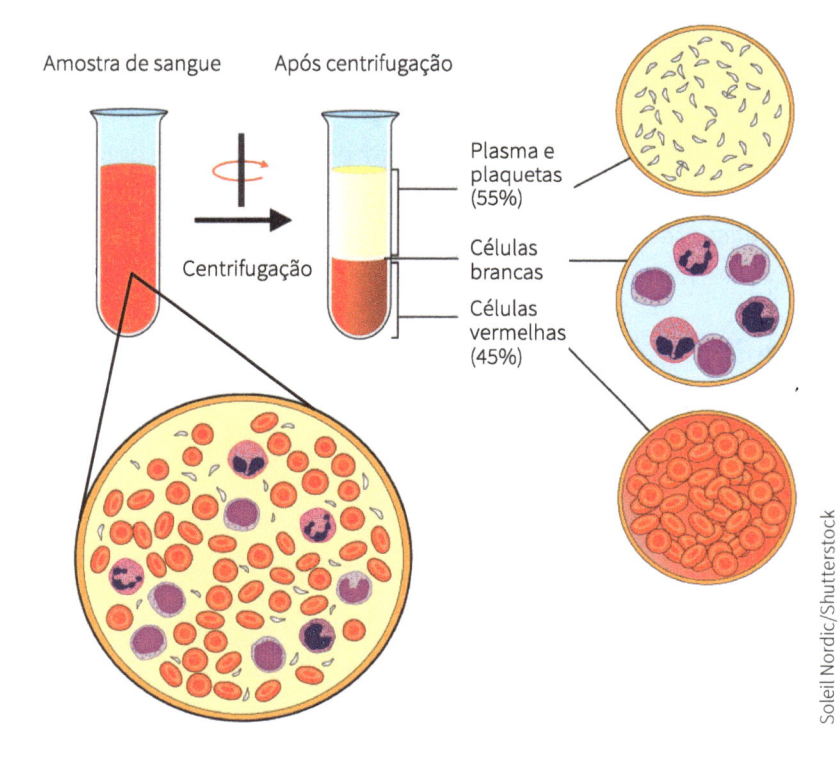

Amostra de sangue   Após centrifugação

Centrifugação

Plasma e plaquetas (55%)
Células brancas
Células vermelhas (45%)

Soleil Nordic/Shutterstock

- **Filtração**: emprega um filtro para a separação dos componentes.

Figura 3.13 – Aparato para processo de separação por filtração

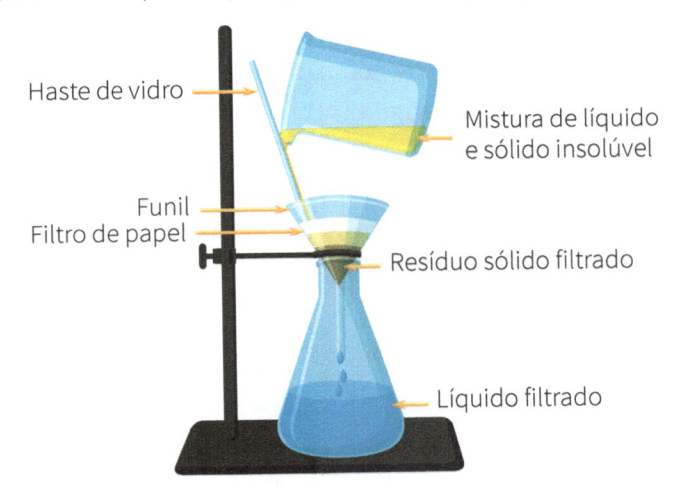

Haste de vidro
Mistura de líquido e sólido insolúvel
Funil
Filtro de papel
Resíduo sólido filtrado
Líquido filtrado

Inkoly/Shutterstock

- **Catação**: seleção manual dos sólidos com diferentes tamanhos de partículas.

Sólido + sólido

- **Ventilação**: vale-se da diferença de densidades de sólidos, e o componente de menor densidade é arrastado por uma corrente de ar.
- **Peneiração**: empregada na separação de sólidos com diferentes tamanhos. Nesse caso, usa-se uma peneira, e somente as partículas com menor dimensão atravessam a malha.

- **Separação magnética**: utiliza um ímã para atrair o componente metálico de uma mistura.
- **Flotação**: método em que sólidos com diferentes densidades são adicionados em um líquido com densidade intermediária.

Figura 3.14 – Equipamento de flotação utilizado no tratamento de efluentes e água

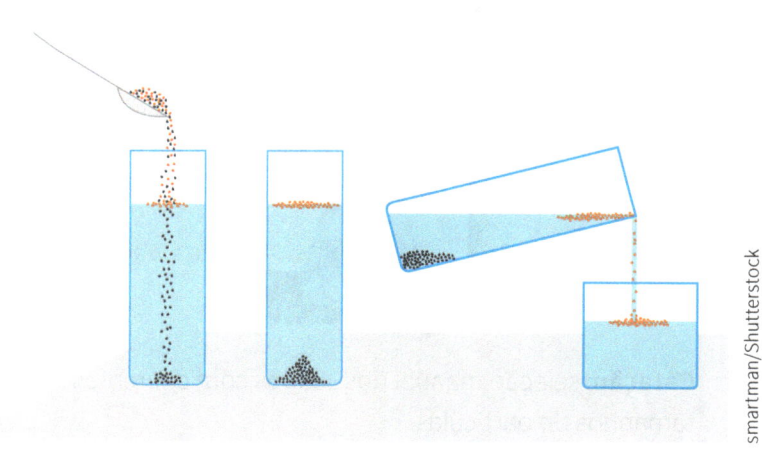

Exercícios resolvidos

1. De uma mistura heterogênea de dois líquidos imiscíveis e de densidades diferentes, pode-se obter os líquidos puros por meio de:
    I. sublimação.
    II. decantação.
    III. filtração.

Entre os itens apresentados anteriormente, completam a afirmativa corretamente apenas:

a) I.
b) II.
c) III.
d) I e II.
e) II e III.

Resolução

Resposta correta: b

Para separar dois líquidos imiscíveis (que não se dissolvem, ou seja, que formam uma mistura heterogênea), é necessário realizar uma decantação.

2. Foram preparadas três misturas no laboratório:

    ☐ primeira mistura, heterogênea: formada por um sólido e um líquido;
    ☐ segunda mistura, heterogênea: formada por dois líquidos;
    ☐ terceira mistura, homogênea: formada por um sólido e um líquido.

    Respectivamente, quais processos de separação permitem recuperar as substâncias?

    a) Filtração, decantação, destilação simples.
    b) Decantação, filtração, destilação simples.
    c) Destilação simples, filtração, decantação.
    d) Decantação, destilação simples, filtração.

Resolução

Resposta correta: a

A primeira mistura, heterogênea, é formada por um sólido e um líquido; assim há possibilidade de filtração. A segunda mistura é um sistema heterogêneo formado por dois líquidos, sendo possível empregar a decantação para líquidos imiscíveis, que podem ser separados pela diferença de densidade. Na terceira mistura, homogênea, formada por um sólido e um líquido, há uma substância solubilizada em outra; logo, a destilação simples é um método a ser utilizado.

Síntese

Neste capítulo, tratamos de alguns conceitos importantes sobre misturas. Eis os tópicos abordados:

- estados físicos da matéria: sólido, líquido e gasoso;
- mistura: mais de uma substância na composição;
- mistura homogênea: apresenta apenas uma fase;
- fases: aspectos visuais de uma mistura;
- mistura homogênea especial: com ponto de fusão constante, é chamada de *mistura eutética*; com ponto de ebulição constante, é denominada *mistura azeotrópica*;
- métodos de separação de misturas homogêneas: destilação simples, evaporação, destilação fracionada, liquefação fracionada;

- mistura heterogênea: apresenta duas ou mais fases e pode ser classificada em suspensão ou coloide;
- métodos de separação de misturas heterogêneas: decantação, centrifugação, filtração, catação, ventilação, peneiração, separação magnética, flotação.

Atividades de autoavaliação

1. Sobre misturas ou substâncias, analise as afirmações a seguir e indique V para verdadeiras e F para falsas.
   ( ) É possível determinar a densidade de uma mistura conhecendo a proporção em que cada substância está presente.
   ( ) Como o álcool etílico é menos denso que a água, a densidade de uma mistura de água e álcool etílico aumenta à medida que a proporção de álcool etílico também aumenta.
   ( ) A água potável é uma mistura, pois recebeu a adição de diferentes substâncias (como o cloro) na estação de tratamento de água, mas a água mineral obtida diretamente da fonte é uma substância.
   ( ) O petróleo é uma mistura de várias substâncias, como gasolina, óleo diesel e asfalto.
   ( ) A gasolina, mesmo pura, é uma mistura de várias substâncias.

( ) Na natureza, é muito raro encontrar uma substância isolada.
( ) O sal de cozinha que utilizamos em casa é o cloreto de sódio puro, ou seja, é uma substância.

Agora, assinale a alternativa que apresenta a sequência correta:
a) V – F – V – V – F – V – V.
b) F – V – F – F – V – V – F.
c) V – F – V – F – V – V – F.
d) F – V – V – V – F – F – V.
e) V – F – F – F – V – V – F.

2. Água mineral, acetona e gás oxigênio são classificados, respectivamente, como:
   a) substância pura composta, substância pura simples e mistura homogênea.
   b) substância pura composta, mistura homogênea e substância pura simples.
   c) mistura homogênea, substância pura composta e substância pura simples.
   d) mistura heterogênea, substância pura simples e substância pura simples.
   e) mistura homogênea, substância pura composta e substância pura composta.

3. Assinale a alternativa correta.
   a) Leite e gasolina são misturas homogêneas.
   b) Ferro, leite e gasolina são misturas homogêneas.
   c) Ferro é uma substância pura.

d) Ferro e leite são misturas homogêneas.
e) Leite e gasolina são misturas heterogêneas.

4. O gráfico mostra transição de fases de uma amostra líquida.

Gráfico A – Transição de fases de uma mistura

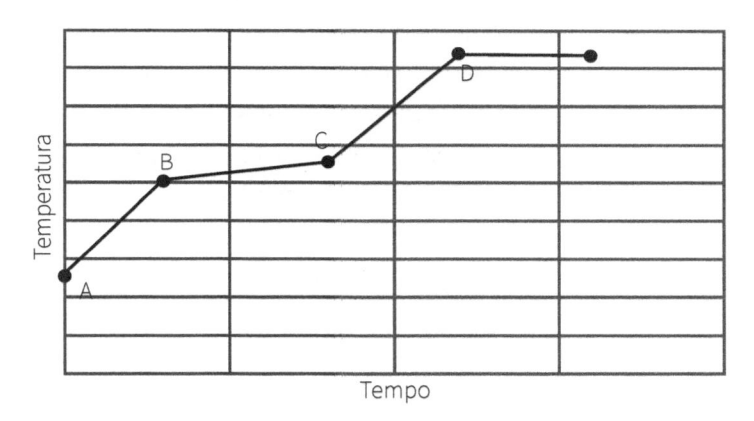

Assinale a alternativa correta:
a) No trecho A-B, está ocorrendo a ebulição da mistura.
b) No trecho C-D, está ocorrendo uma transição de fases.
c) A partir do ponto C só há substâncias no estado gasoso.
d) O líquido é uma mistura.
e) O líquido é uma substância pura.

5. O mercúrio utilizado no garimpo para extração do ouro forma uma mistura líquida homogênea, que pode ser separada facilmente da areia e da água por aquecimento. Isso é possível porque:
a) forma uma mistura heterogênea sólido-líquido.
b) o ouro é mais denso que o mercúrio.

c) o ponto de ebulição do mercúrio é maior que o do ouro.
d) o ponto de fusão do mercúrio é menor que o ouro.
e) o ouro dissolve no mercúrio.

6. A extração do petróleo acontece graças à pressão dos gases, que faz o petróleo jorrar para a superfície. Quando a pressão é reduzida, o petróleo bruto deixa de jorrar e pode ser bombeado. O petróleo bruto é submetido a dois processos mecânicos de purificação, para separar-se da água salgada e das impurezas sólidas, como areia e argila. Esses processos mecânicos de purificação são, respectivamente:
   a) decantação e filtração.
   b) decantação e destilação fracionada.
   c) filtração e destilação fracionada.
   d) filtração e decantação.
   e) destilação fracionada e decantação.

7. Associe as atividades mencionadas com as técnicas de laboratório apresentadas a seguir.

( ) Preparar cafezinho com café solúvel. ( ) Preparar chá de saquinho. ( ) Coar um suco de laranja.	1) Filtração 2) Solubilização 3) Extração 4) Destilação

A sequência correta de preenchimento dos parênteses de cima para baixo é:
a) 2, 3 e 1.
b) 4, 2 e 3.
c) 3, 4 e 1.

d) 1, 3 e 2.
e) 2, 2 e 4.

8. Quais dos materiais podem ser classificados como dispersão coloidal?
   I. Maionese
   II. Iogurte
   III. Azeite de oliva
   IV. Refrigerante
   a) I e II.
   b) I e III.
   c) II e III.
   d) II e IV.
   e) III e IV.

9. Relacione as colunas indicando corretamente qual é o processo de separação mais adequado para cada mistura.

I. Filtração	a) Limalhas de ferro na areia.
II. Decantação	b) Ouro no barro e areia.
III. Separação magnética	c) Amendoim torrado e suas cascas.
IV. Ventilação	d) Cascalho na areia.
V. Tamisação	e) Pó de café na água.
VI. Levigação	f) Água com areia.

10. O granito é formado por quatro minerais: feldspato, magnetita, mica e quartzo. Se um desses minerais pode ser separado dos demais, é correto afirmar que o granito é:
    a) um elemento.
    b) uma substância simples.

c) uma substância composta.
d) um composto iônico.
e) uma mistura.

Atividades de aprendizagem
Questões para reflexão

1. É possível preparar um café coado utilizando o processo de filtração e, assim, obter uma solução. O processo consiste em colocar o pó de café no filtro de papel e verter água quente para promover a extração do café, ficando a borra retida no filtro e na água as substâncias dissolvidas. Na correria da vida moderna, o café solúvel é uma opção para se preparar o tão apreciado cafezinho. Quais são as etapas do processo de obtenção do café solúvel?

2. A água que chega à tubulação nas residências é captada e passa por tratamento para consumo humano. São necessários, em média, 110 litros de água por dia para atender às necessidades de consumo e higiene de uma pessoa no Brasil. Depois de utilizada, a água descartada no esgoto passa pelo processo de tratamento e retorna para as torneiras de edifícios residenciais e públicos. Indique as etapas do tratamento da água e o objetivo de cada uma delas.

Atividades aplicadas: prática

1. Considere a representação mostrada na figura a seguir.

Figura A – Misturas heterogêneas

Agora, indique o número de fases presentes em cada sistema:
a) óleo e água;
b) água e areia;
c) água, óleo e areia.

Capítulo 4

Funções inorgânicas

Reações químicas acontecem o tempo todo; aliás, algumas acontecem para a sustentação da vida. Além disso, os avanços da medicina e da tecnologia somente são possíveis graças às reações.

Neste capítulo, comentaremos sobre os grupos de compostos químicos que apresentam características semelhantes e são classificados de acordo com a função. Uma distinção importante relaciona-se à classificação dos compostos em orgânicos (que contêm átomos de carbono) e em inorgânicos (formados pelos demais elementos químicos). Há algumas exceções – por exemplo, CO, CO_2 e Na_2CO_3 – que, embora contenham o carbono na fórmula estrutural, têm características de substâncias inorgânicas.

As quatro principais funções inorgânicas são: ácidos, bases, sais e óxidos.

4.1 Ácidos e bases

Ácido e base são funções químicas de extrema importância para os seres vivos. O primeiro confere o sabor azedo ao limão e às demais frutas cítricas; o segundo relaciona-se ao uso de produtos de limpeza.

A quantidade de ácido sulfúrico e soda cáustica produzidas por um país é um indicador do nível de atividade econômica, e ambas as substâncias químicas são perigosas e corrosivas. Contudo, esses compostos estão presentes em nosso dia a dia em refrigerantes, alimentos, remédios, produtos de higiene ou cosméticos e são matéria-prima para diversas aplicações industriais

A **definição de Arrhenius** é a mais clássica empregada para ácidos e bases. Foi proposta pelo cientista sueco Svante Arrhenius (1859-1927), que os define da seguinte forma:

- **ácidos**: substâncias que, em solução aquosa, liberam íons H^+.

$$HCl_{(aq)} \rightarrow H^+_{(aq)} + Cl^-_{(aq)}$$

- **bases**: substâncias que, em solução aquosa, liberam hidroxilas.

$$NaOH_{(aq)} \rightarrow Na^+_{(aq)} + OH^-_{(aq)}$$

No processo de ionização da água, ocorre a formação de hidroxilas (OH^-) e próton (H^+), que se associa a outra molécula de água e forma o íon hidrônio (H_3O^+). Essa transferência de elétrons e formação dos íons só é possível porque a água é uma substância anfotérica, isto é, pode atuar como ácido ou base:

Íon hidrônio

Portanto, a água estabelece o equilíbrio:

$$2\,H_2O_{(l)} \rightleftharpoons H_3O^+_{(aq)} + OH^-_{(aq)}$$

O produto iônico da água (K_w) é uma constante. Nas soluções, a concentração de $[H_3O^+]$ e de $[OH^-]$ varia com a natureza e a concentração das espécies adicionadas à água:

$$K_w = [H_3O^+] \cdot [OH^-] = 10^{-14}$$

Logo, a definição de Arrhenius pode ser ampliada, incluindo como ácidas as substâncias que, adicionadas à água, formam soluções com alta concentração do íon hidrônio (H_3O^+):

$$HBr_{(g)} \xrightarrow{\text{água}} H_3O^+_{(aq)} + Br^-_{(aq)}$$

$$CH_3COOH_{(l)} \xrightarrow{\text{água}} H_3O^+_{(aq)} + CH_3COO^-_{(aq)}$$

Da mesma forma, as bases podem ser definidas como substâncias que, adicionadas à água, formam soluções com alta concentração de íons hidroxila (OH^-):

$$KOH_{(s)} \xrightarrow{\text{água}} K^+_{(aq)} + OH^-_{(aq)}$$

$$NH_{3(g)} \xrightarrow{\text{água}} NH^+_{4(aq)} + OH^-_{(aq)}$$

$$HCN_{(l)} \xrightarrow{\text{água}} CN^-_{(aq)} + H^+_{(aq)}$$

É também de Arrhenius o conceito da **reação de neutralização**, quando ácidos e bases reagem, formando sal e água.

Figura 4.1 – Reação ácido-base

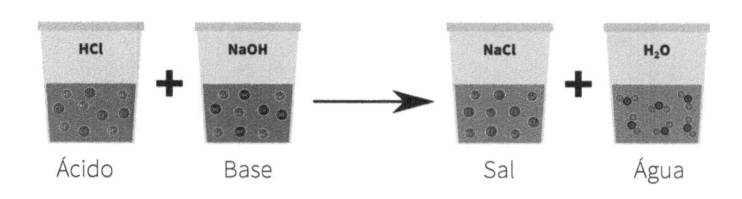

Ácido   Base   Sal   Água

Já **sal** é todo composto iônico cujo cátion provém de uma base e cujo ânion provém de um ácido:

$$HCl_{(aq)} + NaOH_{(aq)} \rightarrow NaCl_{(aq)} + H_2O_{(l)}$$

Em solução aquosa, as substâncias se ionizam, formando as seguintes espécies:

$$H^+_{(aq)} + Cl^-_{(aq)} + Na^+_{(aq)} + OH^-_{(aq)} \rightarrow NaCl_{(aq)} + H_2O_{(l)}$$

O conceito de Arrhenius para ácidos e bases estava voltado a processos aquosos, embora possa explicar um grande número de fenômenos.

Outra definição empregada para ácidos e bases é a **definição de Brønsted-Lowry**, em função da transferência de prótons:

- **ácidos**: espécies químicas que doam prótons (H^+);
- **bases**: espécies químicas que recebem prótons (H^+).

Essa teoria indica a presença de substâncias anfipróticas, ou seja, uma espécie química que se comporta ora como ácido, ora como base, dependendo do meio em que se encontre, sendo capaz de doar ou receber prótons.

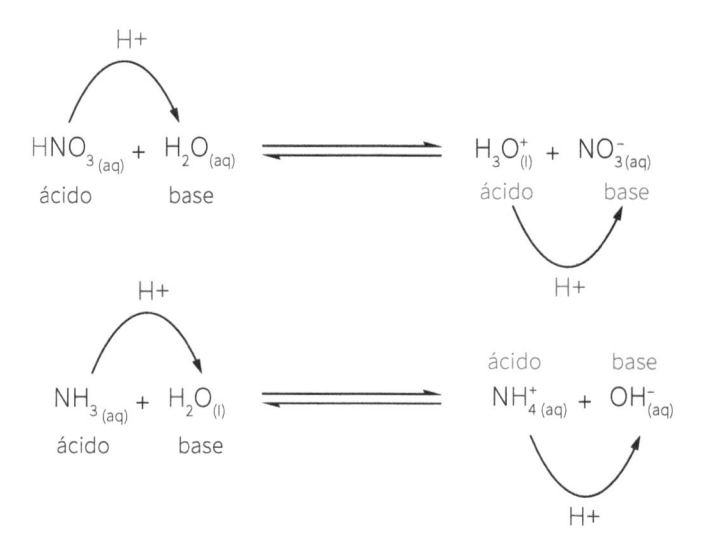

$$HNO_{3(aq)} + H_2O_{(aq)} \rightleftharpoons H_3O^+_{(l)} + NO^-_{3(aq)}$$
ácido — base — ácido — base

$$NH_{3(aq)} + H_2O_{(l)} \rightleftharpoons NH^+_{4(aq)} + OH^-_{(aq)}$$
ácido — base — ácido — base

Conforme já mencionamos, a água é uma substância anfiprótica, ou seja, depende do meio para se comportar como um ácido ou uma base de Brønsted. Todas as reações entre um ácido e uma base de Brønsted envolvem a transferência de um próton e apresentam dois pares ácido-base conjugados:

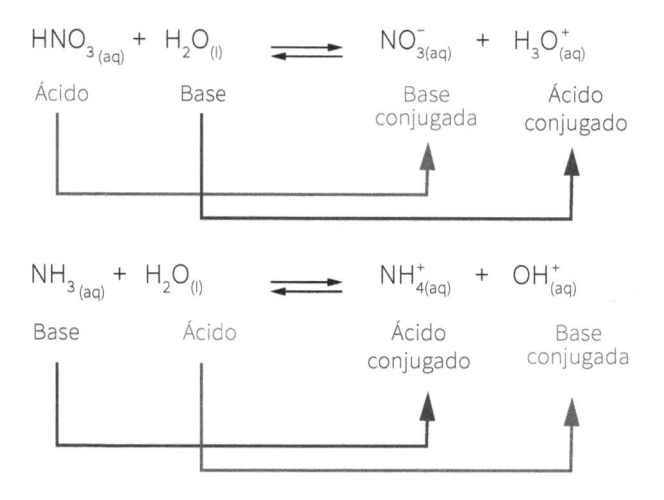

$$HNO_{3(aq)} + H_2O_{(l)} \rightleftharpoons NO_{3(aq)}^- + H_3O_{(aq)}^+$$

Ácido — Base — Base conjugada — Ácido conjugado

$$NH_{3(aq)} + H_2O_{(l)} \rightleftharpoons NH_{4(aq)}^+ + OH_{(aq)}^-$$

Base — Ácido — Ácido conjugado — Base conjugada

Genericamente, esses equilíbrios podem ser expressos pela equação:

$$\text{Ácido}_1 + \text{Base}_2 \rightleftharpoons \text{Ácido}_2 + \text{Base}_1$$

Os constituintes de um par conjugado diferem em apenas um próton. Os ácidos e as bases fortes, ao reagirem, originam bases e ácidos conjugados fracos. De modo recíproco, os ácidos e as bases fracas, ao reagirem, produzem ácidos e bases conjugadas fortes.

Segundo a definição de Brønsted-Lowry, em meio aquoso:

- ácido forte está completamente ionizado;
- ácido fraco está incompletamente ionizado;
- base forte está completamente ionizada;
- base fraca está incompletamente ionizada.

Já a **definição de Lewis** é mais abrangente: considera a capacidade da espécie de receber ou doar pares de elétrons, formando ligações químicas:

- **ácidos**: substâncias capazes de receber pares de elétrons;
- **bases**: substâncias capazes de doar pares de elétrons.

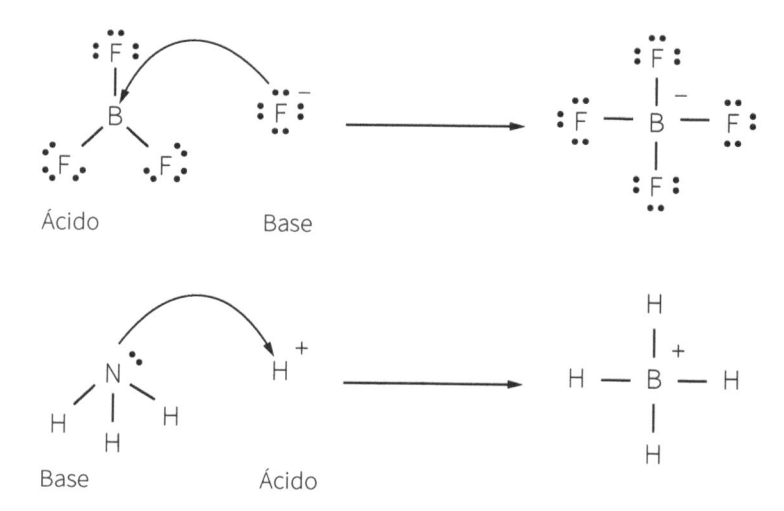

A definição de ácidos e bases de Lewis inclui novas espécies e explica a formação de compostos mais complexos do que os sais formados entre os ácidos e as bases de Arrhenius ou de Brønsted. Esses compostos são conhecidos como **compostos de coordenação**:

- Cátion recebe pares de elétrons em reações ácido-base de Lewis:

$$Co^{3+} + 6H_2O \rightarrow [Co(H_2O)_6]^{3+}$$
$$Co^{3+} + 6NH_3 \rightarrow [Co(NH_3)_6]^{3+}$$

- Espécies deficientes de elétrons na camada de valência atuam como ácidos de Lewis:

$$(CH_3)_3B + :NH_3 \rightarrow (CH_3)_3B:NH_3$$
$$AlCl_3 + Cl^- \rightarrow [AlCl_4]^-$$

- Moléculas ou íons com octeto completo podem rearranjar seus orbitais da camada de valência e receber pares de elétrons:

$$CO_3^{2-} + H_2O \rightarrow HCO_3^- + OH^-$$
$$SO_3 + H_2O \rightarrow H_2SO_4$$

- Moléculas com átomos centrais grandes e íons volumosos podem receber pares de elétrons, assumindo configuração superior à de octetos:

$$PF_5 + F^- \rightarrow [PF_6]^-$$
$$AsCl_3 + 3Cl^- \rightarrow [AsCl_6]^{3-}$$

- Elementos metálicos no estado de oxidação zero, ou até com número de oxidação negativo, podem receber pares de elétrons na camada de valência, atuando como ácidos de Lewis:

$$Ni + 4CO \rightarrow Ni(CO)_4$$
$$Fe + 5CO \rightarrow Fe(CO)_5$$
$$Mn^- + 6CO \rightarrow [Mn(CO)_6]^-$$

Chuva ácida

A chuva ácida tem origem natural. É proveniente principalmente da erupção vulcânica, que emite na atmosfera gases, partículas, compostos de enxofre e poeira. Os processos biológicos ocorridos nos solos, pântanos e oceanos, além da respiração animal e vegetal, liberam gases que contribuem para a acidificação da água da chuva.

No entanto, a atividade humana é a principal responsável pela formação da chuva ácida, em virtude da liberação gases da queima de combustíveis fósseis na atmosfera, como óxidos de enxofre (SO_2 e SO_3) e de nitrogênio (N_2O, NO e NO_2). Ao reagirem com a água da atmosfera, formam o ácido sulfúrico (H_2SO_4), e os ácidos nítrico e nitroso (HNO_3, HNO_2). Juntos, esses dois ácidos contribuem para o aumento da acidez da água da chuva.

A chuva é levemente ácida mesmo em ambientes sem poluição. O equilíbrio entre a água e o dióxido de carbono (CO_2) presente na atmosfera deixa a chuva com pH 5,6. Contudo, as chuvas ácidas são um problema ambiental quando seu pH é menor do que 4,5. Dependendo da concentração desses ácidos na atmosfera, o pH da água da chuva pode variar de 4 a 2, valores extremamente ácidos e prejudiciais.

Figura 4.2 – Formação da chuva ácida

Fonte: Elaborado com base em Russell, 1994.

4.1.1 Equilíbrio iônico ácido e base

Equilíbrio iônico é um caso particular de equilíbrio químico que envolve os íons.

São designados *eletrólitos* os íons livres de uma substância adicionada à água. Os equilíbrios iônicos mais comuns ocorrem em solução aquosa com ácidos, bases e sais, em razão dos processos de ionização ou dissociação iônica. Contudo, o equilíbrio iônico é caracterizado somente na presença de um eletrólito fraco, pois se 100% das moléculas do ácido ou da base se ionizam, não ocorre um equilíbrio, pois a ionização tem um só sentido. Logo, quando adicionamos ácido em água, ocorre o fenômeno da ionização; se for um ácido fraco, como o HCN, ele se ioniza conforme a equação a seguir:

$$HCN_{(aq)} \rightleftharpoons H^+_{(aq)} + CN^-_{(aq)}$$

Em água, as moléculas de HCN se dissociam nos íons H^+ e CN^-. Essa solução é um sistema em equilíbrio, pois, à medida que o processo de ionização acontece, dando origem aos íons, ocorre também a associação iônica, regenerando a molécula de HCN. O equilíbrio iônico ocorre por meio da ionização e da associação das moléculas, simultaneamente e com a mesma velocidade. Para essa reação, adota-se a seguinte expressão da **constante de equilíbrio**:

$$K_i = [H^+] \cdot [CN^-]/[HCN]$$

Emprega-se a constante K_i para compostos moleculares em geral, mas, no caso de ácidos, essa constante é substituída por K_a, a **constante de ionização**:

$$K_a = [H^+] \cdot [CN^-]/[HCN]$$

O valor de K_a indica a força de um ácido. Quanto maior é a K_a, mais forte é o ácido, ou seja, maior é sua tendência em liberar o íon H^+. O quadro seguinte mostra a constante de ionização de alguns ácidos.

Quadro 4.1 – Constante de ionização dos ácidos

Ácido	Ka	Força
HCN	$4,7 \cdot 10^{-10}$	Muito fraco
H_3CCOOH	$1,3 \cdot 10^{-5}$	Fraco
HNO_2	$7,0 \cdot 10^{-4}$	Moderado
HI	$3,0 \cdot 10^{+9}$	Forte

Quando a molécula do ácido tem mais de um hidrogênio ionizável, a ionização deste ocorre em etapas e cada etapa tem sua constante de ionização. Observe.

Quadro 4.2 – Constante de ionização de ácido fosfórico

Equilíbrio iônico	Ka
$H_3PO_4 \rightleftharpoons H^+ + H_2PO_4^-$	$7,5 \cdot 10^{-3}$
$H_2PO_4^- \rightleftharpoons H^+ + HPO_4^{-2}$	$6,2 \cdot 10^{-8}$
$HPO_4^{-2} \rightleftharpoons H^+ + PO_4^{-3}$	$1,0 \cdot 10^{-12}$

A constante de equilíbrio aplicada a um equilíbrio iônico constituído por bases recebe o nome de Kb. Para a base fraca $Al(OH)_3$, aplica-se a seguinte equação de ionização:

$$Al(OH)_{3(aq)} \rightleftharpoons Al^{+3}_{(aq)} + 3\, OH^-_{(aq)}$$

A expressão da constante de equilíbrio da base será:

$$Kb = [Al^{+3}] \cdot [OH^-] / [Al(OH)_3]$$

Quanto maior é o valor de Kb, mais forte é a base, conforme mostra o quadro a seguir.

Quadro 4.3 – Constante de ionização das bases

Base	Kb
NH_4OH	$1,8 \cdot 10^{-5}$
CH_3NH_3OH	$5,0 \cdot 10^{-4}$
$C_6H_5NH_3OH$	$4,6 \cdot 10^{-10}$
$Zn(OH)_2$	$1,2 \cdot 10^{-7}$
$Al(OH)_3$	$1,9 \cdot 10^{-8}$
$Mg(OH)_2$	$1,1 \cdot 10^{-1}$

A **lei de Ostwald** relaciona a constante de equilíbrio, o grau de ionização e a molaridade dos eletrólitos:

$$Ki = \frac{M - \alpha}{1 - \alpha}$$

Quando se trata de eletrólitos fracos, α é muito pequeno, logo a expressão pode ser representada por:

$$Ki = M \cdot \alpha^2$$

Em que:

M = molaridade (mol/L)

α = grau de ionização

Ki = constante de ionização

Em uma solução com concentração conhecida, se o volume do solvente é aumentado, obtém-se uma solução diluída, portanto a Lei de Diluição de Ostwald indica que o acréscimo de solvente em uma solução provoca um aumento no grau de ionização; quanto menor for a molaridade, maior será o grau de ionização do eletrólito, pois o valor de Ki é constante.

O deslocamento do equilíbrio iônico que ocorre pela adição de um íon já existente no equilíbrio é chamado de *efeito do íon comum*. Se considerarmos o equilíbrio do ácido acético, teremos:

$$CH_3COOH \rightleftharpoons H^+ + CH_3COO^-$$

Quando se adiciona um sal à solução – por exemplo, o acetato de sódio (CH_3COONa) –, ocorre um aumento na concentração de íons acetato. O **princípio de Le Chatelier** mostra que a adição dos íons CH_3COO^- provoca um excesso desse íon em solução, razão pela qual o sistema perturbado precisa reestabelecer o equilíbrio. Para isso acontecer, esses íons devem ser consumidos, reagindo com os íons H^+ presentes na solução, deslocando o equilíbrio no sentido da reação inversa. Por consequência, a concentração dos íons H^+ diminui, reestabelecendo o equilíbrio.

Exercícios resolvidos

1. (PUC Minas – MG) Numa solução de ácido acético (HAc), temos o seguinte equilíbrio: $HAc \rightleftharpoons H^+ + Ac^-$. Se adicionarmos acetato de sódio (NaAc) a essa solução:
   a) a concentração de íons H^+ deverá diminuir.
   b) a concentração de íons H^+ permanecerá a mesma.
   c) a concentração de íons H^+ deverá aumentar.
   d) a concentração de HAc não dissociado diminuirá.
   e) nada acontecerá com o equilíbrio.

Resolução

Resposta correta: a

Ao ser adicionado à solução, o acetato de sódio sofre dissociação, liberando o ânion Ac^- (CH_3COO^-), já presente no equilíbrio em questão. De acordo com o princípio de Le Chatelier, o sistema consumirá os íons Ac^-, que reagem com os íons H^+, para que o sistema recupere o equilíbrio. Dessa forma, a reação no sentido de formação do ácido acético é favorecida, aumenta a concentração das moléculas desse átomo, e a concentração dos íons H^+ diminui.

2. O vinagre é uma solução aquosa de ácido acético 0,02 mol · L^{-1}, na qual 3% do ácido está dissociado. A constante de dissociação a 25 °C é, aproximadamente:
   a) $1,8 \cdot 10^{-5}$.
   b) $1,2 \cdot 10^{-4}$.
   c) $2,0 \cdot 10^{-2}$.
   d) $3,6 \cdot 10^{-2}$.
   e) $6,0 \cdot 10^{-2}$.

Resolução

Resposta correta: a

Pela expressão da lei de Ostwald, podemos calcular o valor de $K\alpha$:

$K_i = M \cdot \alpha^2$

Dados:

$\alpha = 0,03$

$M = 0,02$

Substituindo os dados na equação, obtém-se:
$K\alpha = 0{,}02 \cdot (0{,}03)^2$
$K\alpha = 0{,}000018$
$K\alpha = 1{,}8 \cdot 10^{-5}$

4.1.2 Nomenclatura

Com o objetivo de padronizar a nomenclatura dos compostos químicos, cientistas e pesquisadores propuseram uma forma sistematizada para nomear as substâncias e, assim, evitar divergências e ambiguidades. A seguir, elucidaremos como são nomeados ácidos e bases.

Ácidos

A nomenclatura dos ácidos é dividida em dois grupos: hidrácidos e oxiácidos.

Hidrácidos são ácidos que não têm oxigênio. O nome é formado do seguinte modo:

Ácido + [nome do elemento] + ídrico

Exemplos:

HCl = ácido clorídrico

HI = ácido iodídrico

HF = ácido fluorídrico

Oxiácidos são ácidos que têm oxigênio em sua fórmula. A composição do nome obedece à regra geral:

Ácido + [nome do elemento] + ico

> Exemplos:

$HClO_3$ = ácido clórico

H_2SO_4 = ácido sulfúrico

H_2CO_3 = ácido carbônico

Para os outros ácidos que se formam com um mesmo elemento central, leva-se em consideração a quantidade de oxigênio, com base na regra do quadro a seguir.

Quadro 4.4 – Nomenclatura de ácidos com oxigênio na fórmula

Quantidade de oxigênio em relação ao ácido padrão	Nomenclatura
+ 1 oxigênio	Ácido + per + [nome do elemento] + ico
– 1 oxigênio	Ácido + [nome do elemento] + oso
– 2 oxigênios	Ácido + hipo + [nome do elemento] + oso

> Exemplos:

$HClO_4$ = quatro átomos de oxigênio, um a mais que o ácido padrão = ácido perclórico

$HClO_2$ = dois átomos de oxigênio, um a menos que o ácido padrão = ácido cloroso

$HClO$ = um átomo de oxigênio, dois a menos que o ácido padrão = ácido hipocloroso

Ácido sulfúrico

O ácido sulfúrico é um líquido incolor solúvel em água, apresenta baixa volatilidade apesar de sua temperatura de ebulição ser de 338 °C.

Um frasco contendo ácido sulfúrico é sempre diluído em água, em razão de sua baixa volatilidade. Em razão da liberação de gases poluentes na atmosfera, o ácido sulfúrico diluído é um dos constituintes da chuva ácida, podendo ser encontrado em cursos d'água provenientes de fontes minerais, normalmente na forma de sulfeto de ferro.

Esse ácido é o mais utilizado pelas indústrias, com aplicação significativa nos mais variados processos – por exemplo: refinamento de petróleo, tratamento de águas residuais, síntese química e baterias de chumbo de automóveis.

O ácido sulfúrico serve como referência para avaliação do desenvolvimento industrial de um país. Cerca de 60% da produção mundial do ácido é utilizada para a produção de fertilizantes fosfatados e sulfatados, e aproximadamente 20% é utilizada na indústria química.

Fonte: Elaborado com base em Russell, 1994.

Bases

A nomenclatura das bases segue a regra geral:

Hidróxido de + [nome do cátion]

> Exemplos:

NaOH = hidróxido de sódio

KOH = hidróxido de potássio

NH_4OH = hidróxido de amônio

No caso de elementos que formam mais de um cátion com cargas diferentes, acrescenta-se ao nome o número da carga do íon, em algarismos romanos, ou o sufixo *-oso* ao íon de menor carga e o sufixo *-ico* ao íon de maior carga.

> Exemplos:

Fe^{2+} = $Fe(OH)_2$ = hidróxido de ferro II ou hidróxido ferroso

Fe^{3+} = $Fe(OH)_3$ = hidróxido de ferro III ou hidróxido férrico

4.1.3 Propriedades

Ácidos e bases são considerados inversos quimicamente, pois formam íons opostos. Depois da reação de neutralização, o pH da solução fica neutro.

Ácidos são compostos moleculares formados em uma ligação covalente. As bases são iônicas quando formadas por elementos das famílias 1A e 2A; as demais são moleculares.

Quanto à solubilidade, os ácidos se dissolvem facilmente na água. No entanto, a maioria das bases é insolúvel; as bases de metais alcalinos são solúveis; as de metais alcalino-terrosos são pouco solúveis; e as de outros metais são insolúveis, com exceção do hidróxido de amônio (NH_4OH).

Os ácidos e as bases conduzem energia elétrica quando dissolvidos em água.

4.2 Óxidos

Óxidos são compostos de apenas dois elementos químicos, e um deles é o oxigênio. São, em sua maioria, gasosos.

Os óxidos podem ser formados pela união do oxigênio com um elemento metálico ou um não metal. Têm fórmula geral C_xO_y, em que x é a carga do íon do oxigênio, que é -2 (O^{-2}), e y é a carga do cátion (C^{+y}). Os óxidos podem ser divididos em:

- **óxidos iônicos**: formados quando o oxigênio se liga a um metal;
- **óxidos moleculares**: formados quando o oxigênio se liga a um não metal.

Convém, então, tratar da classificação desses compostos. A primeira classe é a dos **óxidos mistos**, derivados da combinação de dois óxidos. Têm Y_3O_4 como fórmula geral e são conhecidos por *duplos* ou *salinos*. Em solução aquosa, formam duas bases. Quando reagem com ácidos ou bases, formam dois sais e água.

Fe_3O_4 = tetraóxido de triferro ou pedra-ímã

Pb_3O_4 = tetraóxido de trichumbo

Há, ainda, os **óxidos anfóteros**, que se comportam como óxido ácido, quando na presença de uma base, ou como óxido básico, quando na presença de um ácido. Ao reagirem com ácido ou base, formam sal e água. Podem ser:

- **iônicos**: quando apresentam, em sua composição, os metais berílio (Be), alumínio (Al), cromo (Cr^{+3}), zinco (Zn), estanho (Sn), chumbo (Pb); ou
- **moleculares**: quando apresentam, em sua composição, antimônio (Sb) ou arsênio (As).

Exemplos:

Al_2O_3 = óxido de alumínio

ZnO = óxido de zinco

Uma terceira classe é a dos **óxidos básicos**, formados por metais, de caráter iônico com qualquer outro metal, além dos indicados anteriormente, com exceção do cromo, que só forma óxido básico se tiver carga do íon +2. Em água, formam bases e, na presença de ácido, formam sal e água.

Exemplos:

Na_2O = óxido de sódio

CaO = óxido de cálcio

Outro tipo são os **óxidos ácidos**, formados por ametais. Têm caráter covalente e são conhecidos como *anidridos*. Em solução aquosa, produzem ácidos e, na presença de bases, formam sal e água.

Exemplos:

CO_2 = dióxido de carbono ou gás carbônico

SO_2 = dióxido de enxofre

Já os **óxidos neutros** são formados por ametais e têm caráter covalente. São conhecidos como *óxidos inertes*; recebem esse nome porque não reagem com água, ácidos ou bases.

Exemplos:

N_2O = óxido nitroso

CO = monóxido de carbono

Por fim, há os **peróxidos**. Em sua maioria, são formados por hidrogênio, metais alcalinos e metais alcalino-terrosos. São substâncias compostas de dois átomos de oxigênio que se ligam entre si e, por isso, têm em sua fórmula o grupo O_2^{2-}.

Exemplos:

H_2O_2 = peróxido de hidrogênio ou água oxigenada

Na_2O_2 = peróxido de sódio

4.2.3 Nomenclatura

De modo geral, adota-se a seguinte regra de nomenclatura para óxidos:

[Prefixo] + óxido de + [prefixo] + [nome do elemento]

O **prefixo** está relacionado com a quantidade de oxigênios e/ou do elemento que acompanha o oxigênio. Para dois, emprega-se o prefixo *di-*; para três, *tri-*; para quatro, *tetra-*; para cinco, *penta-*; e assim sucessivamente.

Exemplos:

Cl_2O_5 → pentóxido de dicloro

Especificamente para os **óxidos iônicos**, podem ser usadas outras duas regras. Se o elemento apresenta carga do íon fixo, ou seja, pertence às famílias 1A, 2A, 3A ou é o zinco ou a prata, adota-se a seguinte nomenclatura:

Óxido de + [nome do elemento]

Exemplo:

CaO → óxido de cálcio

Quando o elemento não apresenta carga do íon fixo, usa-se o algarismo romano para indicar a carga do elemento:

Óxido de + [nome do elemento] + [algarismo romano]

Exemplo:

Cr_2O_3 → óxido de cromo III

4.2.4 Principais utilizações

A seguir, listamos as principais utilizações dos óxidos:

- **Peróxidos**: na indústria, são usados como clarificadores (alvejantes) de tecidos, polpa de celulose etc. Para essas utilizações, sua concentração é superior a 30% de peróxido de hidrogênio. A água oxigenada é um peróxido de hidrogênio, muito usada como antisséptico e para a descoloração de pelos e cabelos.
- **Dióxido de silício (SiO_2)**: é o óxido mais abundante da crosta terrestre, encontrado nos cristais das rochas e na areia.
- **Óxido de cálcio (CaO)**: obtido da decomposição do calcário, ajuda a diminuir a acidez do solo; é empregado na preparação de argamassa e cimento.
- **Óxido nitroso (N_2O)**: conhecido como *gás hilariante*, quando inalado provoca euforia; também utilizado na medicina como anestésico.

Óxidos e impactos ambientais

Dióxido de enxofre (SO_2) é um óxido ácido aplicado na produção de ácido sulfúrico (H_2SO_4). Também pode ser usado como conservante de alimentos (frutos secos), gás de refrigeração na indústria de bebidas e na fabricação de papel sulfite.
Na produção de vinho, é utilizado para inibir ou interromper a ação de leveduras e bactérias.

O SO_2 é produto formado na queima incompleta de combustíveis fósseis e carvão. É um dos principais compostos envolvidos na chuva ácida, pois interage com as moléculas de água presentes na atmosfera e forma o ácido sulfuroso, o qual é oxidado na atmosfera, produzindo o ácido sulfúrico (H_2SO_4), que confere à água da chuva um pH ácido.

$$2\ SO_{2(g)} + 2\ H_2O_{(l)} \rightarrow 2\ H_2SO_{3(aq)}$$

Em virtude dos problemas de saúde e ambientais provocados pelo SO_2, existem limites para o teor de enxofre presente nos combustíveis, indicados em documento do Conselho Nacional de Meio Ambiente (Conama).

O **trióxido de enxofre** (SO_3) é outro óxido ácido que reage com água da atmosfera e produz ácido sulfúrico. O ácido formado contribui para a diminuição do pH da água da chuva e também está na lista de poluentes do Conama:

$$SO_{3(g)} + H_2O_{(l)} \rightarrow H_2SO_{4(l)}$$

O **dióxido de carbono** (CO_2) tem um papel relevante na transferência do carbono entre atmosfera, oceanos, rochas sedimentares por meio da fotossíntese:

$$6\ CO_{2(g)} + 6\ H_2O_{(l)} + calor \rightarrow C_6H_{12}O_{6(aq)} + 6\ O_{2(g)}$$

O CO_2 é obtido pela combustão completa de matéria orgânica. É um produto muito utilizado na indústria de alimentos, nas bebidas gasosas e nos extintores de incêndio na forma de gelo seco.

O CO_2 mantêm a temperatura da Terra, pois suas moléculas absorvem parte da radiação do sol, provocando o efeito estufa, o que permitiu o desenvolvimento da vida no planeta. Nos últimos anos, tem ocorrido o aquecimento global, o aumento das temperaturas das águas dos oceanos e a precipitação da chuva ácida, formando o ácido carbônico em decorrência do aumento da concentração de CO_2 na atmosfera.

O **monóxido de carbono** (CO), quando se liga à hemoglobina do sangue, forma a molécula de carboxi-hemoglobina (HbC) e, com isso, impossibilita o transporte de oxigênio no processo de respiração. A molécula de CO inibe a enzima citocromo C oxidase mitocondrial e tem efeitos inflamatórios, além de aumentar o estresse oxidativo perivascular. Dessa forma, sua inalação independe do nível de concentração e é bastante prejudicial ao organismo. Na presença de luz ou de calor, o CO reage com o cloro (Cl_2), formando fosgênio ($COCl_2$), um gás extremamente tóxico que, muitas vezes, forma-se quando plásticos e outros materiais sintéticos queimam em lugares com baixa concentração de O_2.

As maiores concentrações de CO são liberadas pela queima de combustíveis fósseis e as queimadas de florestas. O CO é considerado um gás poluente e um dos responsáveis pelo efeito estufa.

O **óxido nitroso** (N_2O) pertence à classe dos óxidos neutros e é utilizado como agente inalatório nas áreas médica e odontológica, administrado, junto ao oxigênio, com efeito analgésico e sedativo. Na indústria automolibística, é utilizado em motores de combustão para aumentar a potência, sendo conhecido como *nitro*.

É um gás importante para o balanço climático e faz parte do ciclo do nitrogênio. Pode ser produzido por processos biogênicos de desnitrificação, realizados por diversos gêneros de bactérias – pseudômonas, as quais utilizam carbono de matéria orgânica como fonte redutora, em meio anaeróbico, e óxidos de nitrogênio com receptores de elétrons, produzindo N_2O, NO e N_2. São produzidos industrialmente como produtos da reação de produção de HNO_3 e de ácido adípico ($C_6H_{10}O_4$).

O N_2O é considerado um dos gases do efeito estufa, e sua capacidade de reter calor na atmosfera é cerca de 300 vezes maior do que a do CO_2, além de favorecer a destruição da camada de ozônio.

Fonte: Elaborado com base em Russell, 1994.

4.3 Sais

Um sal é obtido por meio de uma reação de neutralização, que ocorre entre um ácido e uma base. Os sais são compostos iônicos formados por um cátion diferente de H^+ e um ânion diferente de OH^-.

Por exemplo, a reação entre ácido clorídrico e hidróxido de sódio tem como produto o cloreto de sódio, um sal formado pelo ânion do ácido (Cl^-), pelo cátion da base (Na^+) e água:

$$HCl + NaOH \rightarrow NaCl + H_2O$$

A **solubilidade** é a capacidade de os sais se dissolverem em água. É uma propriedade física importante influenciada pela temperatura e pela quantidade de soluto e solvente em solução.

Saber a solubilidade de um sal é fundamental, pois o processo de dissociação dos cátions e ânions indica se o sal tem boa solubilidade em água. Um alto grau de dissociação indica uma alta quantidade de íons em solução:

$$NaCl \xrightarrow{H_2O} Na^+ + Cl^-$$

Por exemplo, a 20 °C, a solubilidade do NaCl em água é de 36 g para cada 100 mL de água. Se adicionada uma quantidade maior que 36 g, o excesso não é dissolvido; entretanto, se aumentada a temperatura, a solubilidade do sal é diferente de 36 g/100 mL.

De modo geral, **quanto à solubilidade em água**, os sais inorgânicos podem ser classificados em solúveis ou praticamente insolúveis:

- **Sal solúvel**: apresenta boa capacidade de dissolução em água. Por isso, participa de uma mistura homogênea (apenas uma fase), pois um sal (soluto) está dissolvido no solvente (água).
- **Sal praticamente insolúvel**: a capacidade de dissolução em água é pequena. Assim, forma-se uma mistura heterogênea, com duas fases, o sal e a água.

No quadro a seguir, está expressa a solubilidade de alguns sais.

Quadro 4.5 – Solubilidade em água de ânions e cátions

Ânion	Cátion	Solubilidade em água
Nitrato (NO_3^-)	Qualquer cátion	Solúvel
Nitrito (NO_2^-)	Qualquer cátion	Solúvel
Acetato ($H_3C_2O_2^-$)	Ag^+, Hg^{+2}	Praticamente insolúvel
Halogenetos (F^-, Cl^-, Br^-, I^-)	Cu^+, Ag^+, Pb^{+2}, Hg^{+2}	Praticamente insolúvel
Sulfatos (SO_4^{-2})	Família 2A (exceto Mg) Ag^+, Pb^{+2}, Hg^{+2}	Praticamente insolúvel
Sulfetos (S^{-2})	NH_4^+ e metais das famílias 1A e 2A	Solúvel
Carbonato (CO_3^{-2})	NH_4^+ e metais da família 1A	Solúvel
Fosfato (PO_4^{-3})	NH_4^+ e metais da família 1A	Solúvel
Demais ânions	NH_4^+ e metais da família 1A	Solúvel

Fonte: Elaborado com base em Silva; Martins; Andrade, 2004.

Por exemplo, no nitrato de prata ($AgNO_3$), há o ânion nitrato (NO_3^-) e o cátion prata (Ag^+); é classificado como sal solúvel porque todo sal que apresenta nitrato é solúvel. Já o sulfato de prata (Ag_2SO_4) é um sal praticamente insolúvel. Ressaltamos que não existe sal insolúvel, pois, mesmo que em uma quantidade muito pequena, ele se dissolve em água, sendo, então, classificado como pouco solúvel.

As soluções de sais dissolvidos em água podem ter caráter básico ou ácido, dependendo dos reagentes utilizados. Como informamos, a reação de neutralização é aquela em que os produtos são os sais. A reação mais conhecida é a do ácido clorídrico (HCl) com o hidróxido de sódio (NaOH), resultando na formação de sal, cloreto de sódio (NaCl) e água. Nessa reação de neutralização, o íon hidrogênio (H^+) proveniente do ácido reage com todo íon hidroxila (OH^-) da base em proporções equivalentes, ou seja, para cada H^+, há um OH^-. Os sais formados nesse tipo de reação são classificados como sais neutros e, por isso, quando dissolvidos em água, não alteram o pH da solução:

$$HCl + KOH \to KCl + H_2O$$

$$H_2SO_4 + 2KOH \to K_2SO_4 + 2 H_2O$$

$$2 HCN + Zn(OH)_2 \to Zn(CN)_2 + 2 H_2O$$

$$HNO_3 + NaOH \to NaNO_3 + H_2O$$

No entanto, quando a quantidade de H^+ e OH^- não é equivalente, ocorre neutralização parcial, porque uma das espécies está em maior quantidade que outra, um reagente limitante; por isso, não há quantidades suficientes para reagir e completar a reação, sobrando íons H^+ ou OH^-, que formam um hidrogenossal (sal ácido) ou hidroxissal (sal básico).

Os **sais ácidos** em solução aquosa deixam o pH menor do que 7:

Exemplo:

$$H_2CO_3 + NaOH \to NaHCO_3 + H_2O$$

$$H_3PO_4 + NaOH \to NaH_2PO_4 + H_2O$$

Já os **sais básicos** em solução aquosa deixam o pH maior do que 7:

> Exemplo:

$HCl + Ca(OH)_2 \rightarrow Ca(OH)Cl + H_2O$

$HCl + Mg(OH)_2 \rightarrow Mg(OH)Cl + H_2O$

Síntese

Neste capítulo, analisamos conceitos importantes a respeito de ácidos e bases:

- Definição de Arrhenius: ácido é qualquer composto químico que, em solução aquosa, libera íons de hidrogênio (H^+). Base, ou álcali, é uma substância que, em solução aquosa, libera hidroxilas, os íons negativos (OH^-).
- Definição de Brønsted-Lowry: ácido é uma substância que doa um próton. Base é qualquer substância que recebe um próton.
- Definição de Lewis: em uma ligação química, ácidos são aqueles que recebem pares eletrônicos, e bases são aquelas que cedem pares eletrônicos.
- Escala do pH:
    - menor do que 7: substâncias ácidas;
    - maior do que 7: substâncias básicas.
- Características físicas dos ácidos: podem ocorrer de forma sólida, líquida ou gasosa, dependendo da temperatura, exceto amônia, que é um gás.

- Características físicas das bases: geralmente, as bases estão na fase sólida e, quando dissolvidas em água, formam uma solução aquosa.
- Estrutura dos ácidos: são moleculares, ou seja, formados por ligações covalentes em que há compartilhamento de elétrons.
- Estrutura das bases: podem ser iônicas ou moleculares.
- Fórmula química dos ácidos: apresenta H no início; por exemplo, HCl (ácido clorídrico). O ácido acético (vinagre) é uma exceção e tem fórmula CH_3COOH.
- Fórmula química das bases: apresentam OH no final de sua fórmula, por exemplo, NaOH (hidróxido de sódio).
- Óxidos são compostos binários em que o elemento mais eletronegativo é o oxigênio. Podem ser anfóteros (caráter dual, óxido ácido ou óxido básico); básicos (oxigênio ligado a elementos das famílias 1A e 2A); ácidos (reagem com água e formam ácidos); neutros (não reagem com água).
- Peróxidos são substâncias compostas por dois átomos de oxigênio.
- Sais são substâncias obtidas por meio da reação de neutralização. Podem ser solúveis ou insolúveis em água. Sal ácido, em solução aquosa, tem pH < 7. Sal básico, em solução aquosa, tem pH > 7.

Atividades de autoavaliação

1. Considere as seguintes substâncias:
    I. cal virgem, CaO;
    II. cal hidratada, $Ca(OH)_2$;
    III. gipsita, $CaSO_4 \cdot 2H_2O$.

Os nomes desses compostos inorgânicos são, respectivamente:
a) peróxido de cálcio, hidreto de cálcio e sulfato de cálcio anidro.
b) monóxido de cálcio, hidróxido de cálcio e sulfeto hidratado de cálcio.
c) óxido de cálcio, hidreto de cálcio e sulfito de cálcio diidratado.
d) peróxido de cálcio, hidreto de cálcio e sulfato de cálcio hidratado.
e) óxido de cálcio, hidróxido de cálcio e sulfato de cálcio diidratado.

2. Selecione a alternativa que apresenta somente óxidos:
a) H_2O, NaCl, HCl.
b) KF, $CaCl_2$, HCN.
c) HNO_3, NaOH, $BaCO_3$.
d) $CaCO_3$, AgBr, NaCl.
e) FeO, CuO, CO_2.

3. Assinale a alternativa que contém exclusivamente sais:
a) HCl, H_2S, H_2O.
b) NaBr, CaO, H_3PO_2.
c) $Ca_3(PO_4)_2$, P_2O_5, Na_2SO_4.
d) $Al_2(SO_4)_3$, LiCl, $Ca(NO_3)_2$.
e) HBr, NaBr, Na_2O.

4. O ácido clorídrico puro (HCl) é um composto que conduz muito mal a eletricidade. A água pura (H_2O) também. No entanto, ao se dissolver o ácido na água, forma-se uma solução que conduz muito bem a eletricidade, o que decorre da:
   a) dissociação da água em H^+ e OH^-.
   b) ionização do HCl, formando H_3O^+ e Cl^-.
   c) transferência de elétrons da água para o HCl.
   d) transferência de elétrons do HCl para a água.
   e) reação de neutralização do H^+ da água com o Cl^- do HCl.

5. Para combater a acidez estomacal causada pelo excesso de ácido clorídrico, costuma-se ingerir um antiácido. Das substâncias a seguir, encontradas no cotidiano das pessoas, a mais indicada para combater a acidez é:
   a) refrigerante.
   b) suco de laranja.
   c) água com limão.
   d) vinagre.
   e) leite de magnésia.

6. Na formação de uma base forte, o OH^- se liga a um:
   a) elemento muito eletropositivo.
   b) elemento muito eletronegativo.
   c) semimetal.
   d) metal que dê três elétrons.
   e) ametal.

7. Algumas substâncias químicas do cotidiano são apresentadas no quadro a seguir. Complete as lacunas (1 a 8) com as informações corretas:

Quadro A – Substâncias químicas e aplicações

Substância	Fórmula química	Função química	Aplicação
Ácido fosfórico	(1)	(2)	Acidulante em refrigerante, balas e goma de mascar
(3)	CaO	(4)	Controle da acidez do solo
Fluoreto de sódio	(5)	(6)	Prevenção de cáries
(7)	$Al(OH)_3$	(8)	Antiácido estomacal

8. Sobre o ácido fosfórico, analise as afirmações que seguem.
   I. Tem forma molecular H_3PO_4.
   II. É um ácido triprótico cuja molécula libera três íons H+ em água.
   III. Os três hidrogênios podem substituídos por grupos orgânicos, formando ésteres.
   IV. É um ácido tóxico que libera, quando aquecido, PH_3 gasoso de odor irritante.
   V. Reage com bases para formar sais chamados *fosfatos*.

   Assinale a alternativa que apresenta somente os itens corretos:
   a) I e II.
   b) II, III e IV.
   c) I e V.
   d) III e V.
   e) I, II, III e V.

Atividades de aprendizagem

Questões para reflexão

1. O hidróxido de magnésio é uma substância usada para controle da acidez estomacal. Qual é o ácido responsável pelo pH do suco gástrico? Escreva a equação da reação entre esse ácido e o hidróxido de magnésio.

2. A água do mar é salgada graças à presença de sais dissolvidos. Quais são os sais que conferem o aspecto salgado às águas oceânicas?

Atividades aplicadas: prática

1. Em condições ambientes, o cloreto de sódio, NaCl, é sólido, e o cloreto de hidrogênio, HCl, um gás. Quando dissolvidos em água, formam eletrólitos e conduzem corrente elétrica. Explique por que essas substâncias são condutoras de energia elétrica quando dissolvidas em água.

2. O óxido de cálcio (CaO) e o sulfato de alumínio ($Al_2(SO_4)_3$) são utilizados nas estações de tratamento de água. O sulfato de alumínio dissolve-se em água, produzindo íons Al^{3+}, que hidrolisam de acordo com a seguinte equação:

$$Al^{+3}_{(aq)} + 3H_2O \rightleftharpoons Al(OH)_{3(s)} + 3H^+_{(aq)}$$

O $Al(OH)_3$ floculento formado remove a matéria orgânica e muitos contaminantes dissolvidos e/ou em suspensão na água. A respeito desse processo, responda às questões:

a) O óxido de cálcio e o sulfato de alumínio, no estado sólido, podem ser melhor classificados como compostos iônicos, moleculares ou covalentes? Justifique sua resposta considerando o tipo de ligação entre os constituintes de cada composto.

b) Comente o comportamento ácido, básico ou anfótero do CaO em água e escreva a equação da reação que ilustra esse comportamento.

c) Explique por que o CaO contribui para a formação de $Al(OH)_3$ na reação citada no enunciado.

Capítulo 5

Indicadores de potencial hidrogeniônico (pH)

A água é o solvente mais abundante e comum do planeta e tem capacidade de dissolver grande variedade de substâncias. Muitas reações químicas envolvem substâncias dissolvidas em água, conhecida como *solução aquosa*. As soluções aquosas encontradas na natureza, como os fluidos biológicos e a água do mar, contêm muitos solutos, e sua concentração pode interferir no equilíbrio ácido-base, que é o princípio básico de uma reação de neutralização.

Por isso, neste capítulo, discorreremos sobre potencial hidrogeniônico (pH) e potencial hidroxiliônico (pOH). Daremos ênfase ao indicador de pH, mas, para começarmos, abordaremos as definições de ambos os indicadores.

5.1 Potencial hidrogeniônico (pH) e potencial hidroxiliônico (pOH)

O valor de pH se refere ao potencial hidrogeniônico de uma solução, determinado pela concentração de íons de hidrogênio (H^+) em solução. O pH mede o grau de acidez ou alcalinidade de uma solução. De modo análogo, pode-se medir a acidez ou a basicidade de um sistema aquoso pelo potencial hidroxiliônico, ou seja, a escala de pOH, que mede a concentração de íons de hidroxila (OH^-) e tem a mesma função que o pH, embora seja menos utilizada.

O pH é representado por uma escala que varia de 0 a 14. Soluções ácidas têm pH menor do que 7; quanto menor é o valor do pH, mais ácida é a solução. As soluções básicas têm pH alcalino, com valores acima de 7. O pH 7 indica uma solução neutra.

Figura 5.1 – Escala de pH

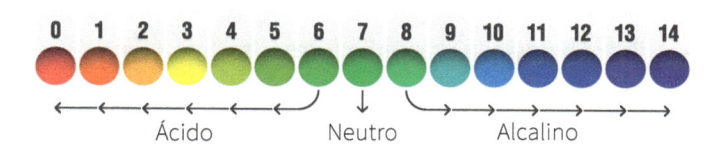

A água é uma substância que, conforme o meio, apresenta características tanto de ácido quanto de base de Brønsted. Portanto, a água, na presença de um ácido, age como um receptor de próton; já na presença de uma base, atua como doador de próton.

A molécula de água pode doar próton para outra molécula de água, em um processo denominado *autoionização da água* – situação em que uma molécula de água gera íons hidrônio (H_3O^+) e hidroxila (OH^-) pela ruptura de uma segunda molécula. Ocorre, então, um equilíbrio iônico da água, e a molécula tem a capacidade de se ionizar, formando as espécies H^+ e OH^-. Esse é um processo reversível, no qual os íons também podem unir-se e formar novamente uma molécula de água:

$$2\ H_2O_{(l)} \rightleftharpoons H_3O^+_{(aq)} + OH^-_{(aq)}$$

O produto iônico da água, ou a constante para o equilíbrio iônico da água, é expresso como:

$$K_w = [H_3O^+] \cdot [OH^-]$$

K_w: W, da palavra *água* em inglês, *water*

Na temperatura de 25 °C, o produto iônico da água é:

$$K_w = [H_3O^+] \cdot [OH^-] = 1{,}0 \cdot 10^{-14} \text{ mol/L}$$

Na ionização da água pura, são formados 1 mol de H_3O^+ e *1 mol* de OH^-. Com isso, tem-se:

$$[H_3O^+] = [OH^-] = 1{,}0 \cdot 10^{-7} \text{ mol/L}$$

Como esses valores são extremamente baixos, aplicam-se os valores de cologaritmo na expressão anterior. Observe:

$$-\log [H^+] \cdot -\log [OH^-] = -\log 10^{-14}$$

$$pH + pOH = 14$$

Portanto, é possível calcular o pH de uma solução conhecendo-se a concentração de H^+:

$$pH = -\log [H^+]$$

Como resultado, encontra-se uma solução neutra, ácida ou básica, conforme os valores expressos no quadro a seguir.

Quadro 5.1 – Tipos de solução e respectivos pH e pOH

Tipo de solução	Definição	Cálculo	pH/pOH
Neutra	A concentração de íons hidrônio H_3O^+ é igual à de hidroxilas OH^-.	$[H_3O^+] = 1,0 \cdot 10^{-7}$ mol/L	pH = 7
		$[OH^-] = 1,0 \cdot 10^{-7}$ mol/L	pOH = 7
Ácida	A concentração de íons hidrônio H_3O^+ é maior que a de hidroxilas OH^-.	$[H_3O^+] > 1,0 \cdot 10^{-7}$ mol/L	pH < 7
		$[OH^-] < 1,0 \cdot 10^{-7}$ mol/L	pOH > 7
Básica	A concentração de hidroxilas OH^- é maior que a de íons hidrônio H_3O^+.	$[H_3O^+] < 1,0 \cdot 10^{-7}$ mol/L	pH > 7
		$[OH^-] > 1,0 \cdot 10^{-7}$ mol/L	pOH < 7

5.2 Indicadores de pH

Para determinar o pH das soluções, pode-se empregar vários procedimentos. A medição mais precisa é feita com um peagâmetro, que mede a concentração de íons H^+ por meio da condutividade da solução. Outra maneira de medir o pH é com o uso de indicadores ácido-base na forma de solução ou de papel indicador.

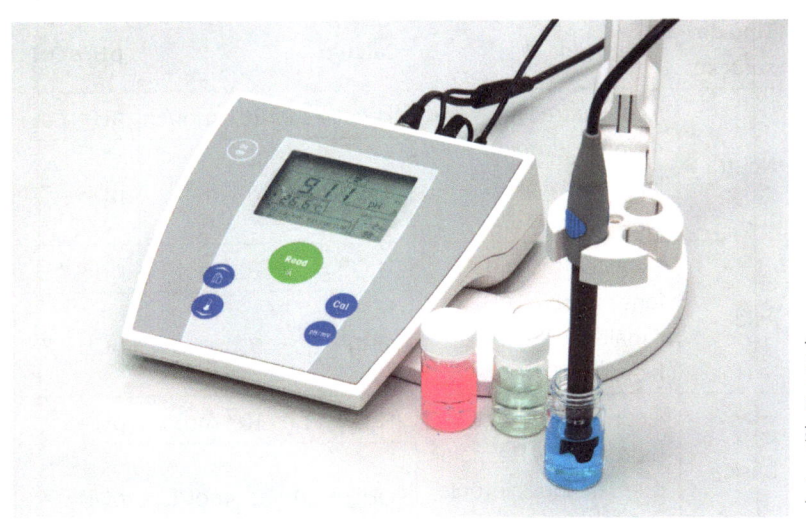

Figura 5.2 – Equipamento para medir pH de uma solução

photong/Shutterstock

Indicadores ácido-base são substâncias orgânicas que informam o pH de uma solução mediante a cor da solução, que muda conforme a concentração de H^+.

Friedrich Wilhelm Ostwald (1853-1932) foi quem propôs uma teoria iônica para explicar a alteração das cores das soluções. A teoria se baseia na dissociação eletrolítica iônica dos indicadores, na qual os indicadores são ácidos ou bases fracas, e sua forma não dissociada teria uma cor diferente daquela dos respectivos íons. No entanto, essa teoria não explica como ocorre a transição de cores das soluções.

Para explicar a alteração das cores, outra teoria remete ao conceito de grupos cromóforos. Um cromóforo é a parte de uma molécula que lhe confere sua cor, ou seja, toda substância que apresenta ligações duplas ou triplas tem muitos elétrons capazes de absorver energia e, assim, emitir cor no espectro de luz visível. Essa teoria prevê o reagrupamento molecular das substâncias indicadoras por meio da variação das condições de pH e, por consequência, com a alteração das cores do meio.

Os papéis indicadores são um método prático para ter uma ideia da faixa de pH das soluções. Não são precisos, porém são rápidos e baratos. Contêm na embalagem uma legenda de cores que compreende toda a escala de pH, de 0 até 14 e são chamados *papéis indicadores universais*.

Figura 5.3 – Papel indicador universal

Anton Starikov/Shutterstock

O indicador universal apresenta o pH em uma ampla faixa desse índice e com mudança gradual de cor, em razão da composição de mistura de indicadores.

O papel tornassol é o mais antigo dos indicadores e o mais conhecido atualmente. Tem, em sua composição, uma mistura de fenolftaleína, alaranjado de metila e azul de bromotimol. A fenolftaleína é um indicador ácido-base que apresenta coloração rosa intenso em meios básicos e incolor em meios ácidos. A ilustração seguinte mostra alguns indicadores e as faixas de intervalo de pH em que podem ser aplicados.

Figura 5.4 – Mudança da cor da solução em razão da alteração do pH

Indicador universal

Fenolftaleína

Laranja de metila

Azul de timol

Azul de bromotimol

Vermelho de fenol

Umi Kaltsum/Shutterstock

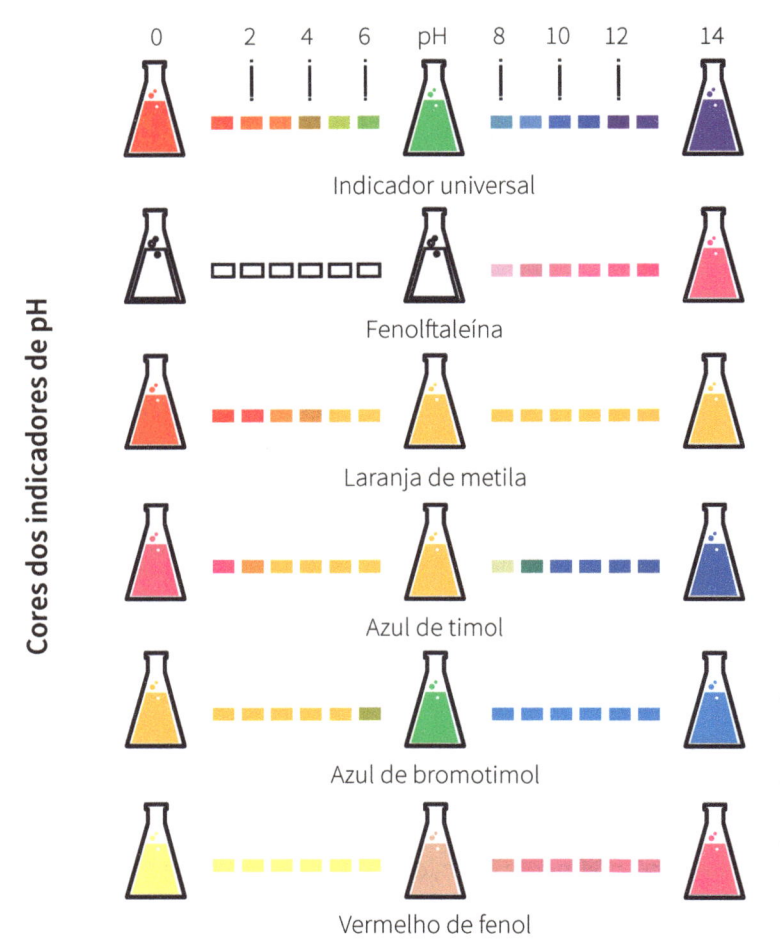

A mudança de cor dos indicadores, ou seja, quando uma solução adquire caráter oposto ao analisado, se refere ao ponto de viragem que representa a faixa de pH em que é perceptível a

mudança de cor. Como já informamos, os indicadores são ácidos ou bases orgânicas fracas que sofrem dissociação ou associação dependendo do pH, e o deslocamento do equilíbrio provoca a mudança de coloração:

$$HIn + H_2O \rightleftharpoons In^- + H_3O^+$$

Cor ácida   Cor básica

$$Ka = \frac{[H_3O^+][In^-]}{[HIn]} \quad (1)$$

Reorganizando a equação 1, obtém-se:

$$[H_3O^+] = Ka \frac{[HIn]}{[In^-]} \quad (2)$$

Quando ocorre a mudança de cor do indicador, a razão [HIn]/[In$^-$] é maior que 10 ou menor que 0,1. Portanto, o indicador exibe sua cor ácida quando:

$$\frac{[HIn]}{[In^-]} \geq 10$$

E exibe sua cor básica quando:

$$\frac{[HIn]}{[In^-]} \leq 0,1$$

Substituindo as razões das concentrações na equação 2, chega-se a:

$$[H_3O^+] = Ka \cdot 10 \text{ (substância ácida)}$$

$$[H_3O^+] = Ka \cdot 0,1 \text{ (substância básica)}$$

Para calcular a faixa de pH do indicador, basta aplicar a função logaritmo nas expressões anteriores, com sinal negativo:

$$pH = -\log(K_a \cdot 10) = pKa - 1 \text{ (substância ácida)}$$

$$pH = -\log(K_a \cdot 0,1) = pKa + 1 \text{ (substância ácida)}$$

Portanto, a faixa de pH do indicador é igual ao pKa ± 1.

Quadro 5.2 – Diferentes indicadores e suas faixas de pH

Indicador	Intervalo de viragem em unidades de pH	Mudança de cor de ácido para base
Alaranjado de metila	De 3,1 a 4,4	Vermelho para alaranjado
Verde de bromocresol	De 3,8 a 5,4	Amarelo para azul
Vermelho de metila	De 4,2 a 6,3	Vermelho para amarelo
Azul de bromotimol	De 6,2 a 7,6	Amarelo para azul
Vermelho de fenol	De 6,8 a 8,4	Amarelo para vermelho
Fenolftaleína	De 8,3 a 10,0	Incolor para vermelho
Timolftaleína	De 9,3 a 10,5	Incolor para azul

5.3 Soluções-tampão

Solução-tampão é uma solução aquosa capaz de resistir a variações de pH. Nesse caso, a solução mantém o pH praticamente inalterado, mesmo quando são adicionadas quantidades de ácidos ou bases fortes. Essa solução é formada pela mistura de ácidos fracos e suas bases conjugadas em uma solução de pH próximo ao pKa do ácido.

A capacidade tamponante da solução-tampão depende de seus componentes. Quando o tampão é ácido, ou seja, seu pH é menor do que 7, deve ser formada pela mistura de um ácido fraco com um sal do mesmo ânion desse ácido, ou pela mistura de base fraca com o sal conjugado dessa base para o tampão básico, resultando em um pH maior do que 7.

Em uma solução-tampão com a presença de um ácido fraco, como o ácido acético ($H_3CCOOH_{(aq)}$) e base conjugada, acetato de sódio ($H_3CCOONa_{(s)}$), há um íon comum, o ânion acetato ($H_3CCOO^-_{(aq)}$). A concentração desse íon se forma pela dissociação do sal, pois a ionização do ácido fraco é pequena.

Ionização do ácido acético:

$$H_3CCOOH_{(aq)} + H_2O_{(l)} \rightleftharpoons H_3O^+_{(aq)} + H_3CCOO^-_{(aq)}$$

Dissociação do sal:

$$H_3CCOONa_{(aq)} \xrightarrow{H_2O_{(l)}} Na^+_{(aq)} + H_3CCOO^-_{(aq)}$$

Quando um ácido forte é adicionado, mesmo em pequenas quantidades, eleva-se a concentração do íon hidrônio (H_3O^+) na solução-tampão. O ácido acético é um ácido fraco, e o ânion acetato tem grande afinidade pelo próton H^+; dessa forma, eles reagem e o equilíbrio é deslocado no sentido de formação do ácido acético:

$$H_3CCOO^-_{(aq)} + H_3O^+_{(aq)} \rightleftharpoons H_3CCOOH_{(aq)} + H_2O_{(l)}$$

Já quando uma pequena quantidade de uma base forte é adicionada à solução, ocorre um aumento da concentração dos íons OH^- na solução-tampão; esses íons são neutralizados pelos íons H_3O^+ presentes em solução.

A concentração dos íons H_3O^+ diminui, e o deslocamento do equilíbrio ocorre no sentido de aumentar a ionização do ácido; com isso, é pequena a variação de pH da solução, e a concentração dos íons H_3O^+ fica praticamente constante:

$$OH^-_{(aq)} + H_3O^+_{(aq)} \rightleftharpoons 2\,H_2O_{(l)}$$

Contudo, o equilíbrio químico de uma solução-tampão pode ser rompido pela capacidade limite do tampão. Quando é adicionada uma quantidade maior de base, o equilíbrio da ionização do ácido é maior e o equilíbrio químico é deslocado no sentido de sua ionização, até que todo o ácido seja consumido.

Agora, considere uma solução-tampão constituída por uma base fraca e seu ácido conjugado, por exemplo, hidróxido de magnésio, $Mg(OH)_2$, e cloreto de magnésio, $MgCl_2$. Ambos contêm o íon comum o Mg^{2+}. Os íons magnésio presentes na solução são provenientes da dissociação do sal ($MgCl_2$), pois a base $Mg(OH)_2$ é uma base fraca, tendo baixa dissociação:

Dissociação da base:

$$Mg(OH)_{2(aq)} \xrightleftharpoons{H_2O_{(l)}} Mg^{+2}_{(aq)} + 2\,OH^-_{(aq)}$$

Dissociação do sal:

$$MgCl_{2(s)} \xrightleftharpoons{H_2O_{(l)}} Mg^{+2}_{(aq)} + 2\,Cl^-_{(aq)}$$

Quando uma pequena quantidade de um ácido forte é adicionada à solução-tampão, os íons H_3O^+ provenientes do ácido forte são neutralizados pelos íons OH^- da base fraca, deslocando o equilíbrio químico no sentido de formação do íons OH⁻. Portanto, a variação do pH é muito pequena, porque a concentração dos íons OH⁻ é rapidamente reposta e o pH não se altera. O efeito tampão é rompido quando a capacidade limite do tampão é atingida, ou seja, quando toda a base é dissociada.

Quando uma base forte é adicionada, a solução-tampão libera o ânion OH⁻, que tem grande afinidade pelos cátions magnésio (Mg^{+2}) provenientes do sal. O pH não sofre grandes alterações, pois o aumento dos íons OH⁻ é compensado pelo equilíbrio na formação de $Mg(OH)_2$. A capacidade limite do tampão acaba quando todo cátion magnésio é consumido:

$$Mg^{+2}_{(aq)} + 2\,OH^{-}_{(aq)} \rightleftharpoons Mg(OH)_{2(aq)}$$

Para calcular o pH de uma solução-tampão, é importante conhecer a característica da solução com a qual se está lidando. Para determinar o pH de uma solução-tampão ácida, é preciso saber o valor do pKa do ácido (Ka é a constante de ionização do ácido) e a concentração das soluções utilizadas:

$$pH = pKa + \log \frac{[sal]}{[\text{ácido}]}$$

O pH de uma solução-tampão básica pode ser calculado da mesma forma, conhecendo-se pKb da base (Kb é a constante de dissociação da base) e a concentração das soluções:

$$pH = pKb + \log \frac{[sal]}{[base]}$$

Exercício resolvido

1. Uma solução-tampão de ácido lático ($HC_3H_5O_3$) com concentração de 0,12 mol/L e sal conjugado lactato de sódio ($NaC_3H_5O_3$) com concentração 0,15 mol/L tem qual valor de pH?
Dado: $Ka = 1,4 \cdot 10^{-4}$.

Resolução

$pH = pKa + \log \dfrac{[sal]}{[ácido]}$

$pH = -\log 1,4 \cdot 10^{-4} + \log \dfrac{0,15}{0,12}$

$pH = 4 - \log 1,4 + \log 1,25$

$pH = 4 - 0,146 + (-0,097)$

$pH = 3,757$

Sistemas-tampões são essenciais para sistemas biológicos do ser humano, tanto intracelulares quanto extracelulares. Reações químicas acontecem o tempo todo para manter o organismo humano em funcionamento, e elas só ocorrem em faixas de pH adequadas. Alguns exemplos são a solução-tampão tris-acetato presente no DNA e RNA humano e o sangue humano, uma solução-tampão composta de ácido carbônico e bicarbonato de sódio.

As trocas gasosas entre oxigênio e gás carbônico no sangue só acontecem porque o sangue está tamponado com pH em torno de 7,3 a 7,5. Quando há variação de pH, o equilíbrio químico se desloca e pode provocar acidose sanguínea, que é a diminuição do pH do sangue, ou alcalose sanguínea, que é o aumento desse valor. A acidose metabólica é a forma mais observada, pois pode ser causada por diabetes grave, insuficiência renal, perda de bicarbonato por diarreia ou até mesmo durante prática de atividade física intensa. Para corrigir a acidose, por exemplo, o corpo aumenta a taxa respiratória para eliminar o CO_2, pois uma variação maior do que 0,4 no pH sanguíneo pode levar à morte.

Contudo, não é somente na bioquímica que as soluções-tampão têm grande importância. Por exemplo, a capacidade tamponante de sistemas biogeoquímicos é essencial para o meio ambiente suportar impactos ambientais, e o solo é uma solução-tampão que pode resistir às mudanças em pH.

Na indústria de alimentos, os tampões são usados para controlar a acidez e a alcalinidade, por exemplo, de gelatinas, fermento, queijo e refrigerantes. As soluções-tampão podem ser usadas como agente conservante para manter o pH de um alimento, evitando o desenvolvimento de microrganismos, como fungos e bactérias. Na indústria, o controle adequado do pH pode ser essencial para determinar as extensões de reações de precipitação e de eletrodeposição de metais, na efetividade de separações químicas, nas sínteses químicas em geral e no controle de mecanismos de oxidação.

Sangue humano

O sangue humano é um sistema-tampão ligeiramente básico: seu pH varia entre 7,35 e 7,45. Dessa forma, um sangue com pH abaixo disso é um ambiente propício para doenças; eis por que o corpo tende a compensar o pH usando minerais alcalinos. Caso a dieta não contenha minerais suficientes para compensar, tende a ocorrer uma acidificação celular.

Assim, quando o pH sanguíneo está abaixo do normal, o organismo está propenso a todos os tipos de doenças do coração, fadiga crônica, alergias, inclusive câncer, além de doenças causadas por vírus, bactérias e fungos que se mantiverem vivos com pH levemente alcalino.

É por essa razão que, a médio e longo prazos, bebidas como cerveja, refrigerantes e outras com conservantes causam damos ao organismo humano, pois roubam os minerais do corpo, principalmente dos ossos, que deveriam ajudar a equilibrar o pH do sangue.

Fonte: Elaborado com base em Lehninger; Nelson; Cox, 2014.

Síntese

Neste capítulo, abordamos algumas questões importantes relacionadas ao pH:

- O valor do pH corresponde à concentração de íons H+ em uma solução, representado por uma escala de 0 a 14:

pH = –log [H+]

Soluções ácidas: pH < 7

Soluções básicas: pH > 7

Soluções neutras: pH = 0

- Indicadores ácido-base demonstram o pH pela cor da solução.
- Solução-tampão é uma solução aquosa capaz de resistir a variações de pH.

Atividades de autoavaliação

1. (UFMG) Considere duas soluções aquosas líquidas, I e II, ambas de pH = 5,0. A solução é tampão e a solução II não.

   Um béquer contém 100 mL da solução I e um segundo béquer contém 100 mL da solução II. A cada umas dessas soluções, adicionam-se 10 mL de NaOH aquoso concentrado.

   Assinale a alternativa que apresenta corretamente as variações de pH das soluções I e II, após a adição de NaOH (aq).

   a) O pH de ambas irá diminuir e o pH de I será maior do que o de II.
   b) O pH de ambas irá aumentar e o pH de I será igual ao de II.
   c) O pH de ambas irá diminuir e o pH de I será igual ao de II.
   d) O pH de ambas irá aumentar e o pH de I será menor do que o de II.

2. (Mackenzie – SP) O pH do sangue de um indivíduo, numa situação de tranquilidade, é igual a 7,5. Quando esse indivíduo se submete a exercícios físicos muito fortes, ocorre a hiperventilação. Na hiperventilação, a respiração, ora acelerada, retira muito CO_2 do sangue, podendo até provocar tontura. Admita que no sangue ocorra o equilíbrio:

$$CO_2 + H_2O \rightleftharpoons HCO_3^- + H^+$$

Em situação de hiperventilação, a concentração de H^+ no sangue e o pH do sangue tendem respectivamente:

	H^+	pH
a)	a aumentar	a ser menor que 7,5
b)	a diminuir	a ser maior que 7,5
c)	a manter-se inalterada	a ser maior que 7,5
d)	a aumentar	a ser maior que 7,5
e)	a diminuir	a ser menor que 7,5

3. Considere uma solução de ácido acético em que é adicionado acetato de sódio. Assinale a alternativa que indica o que ocorre com a constante de ionização do ácido, com o grau de ionização do ácido e com o pH da solução, respectivamente:
   a) diminui; não se altera; diminui.
   b) não se altera; diminui; aumenta.
   c) aumenta; diminui; não se altera.
   d) não se altera; aumenta; diminui.
   e) não se altera; aumenta; não se altera.

4. Qual é o pH de um tampão de 0,12 mol/L de ácido lático ($HC_3H_5O_3$) e 0,10 mol/L de lactato de sódio ($NaC_3H_5O_3$)? Dado: para o ácido lático Ka = $1,4 \cdot 10^{-4}$.
   a) 8,69.
   b) 4,89.
   c) 5,89.
   d) 4,69.
   e) 6,89.

5. Considere as substâncias a seguir.
   I. CH_3CH_2.
   II. CH_3COO.
   III. NH_4.
   IV. H_2C.
   V. CH_3COOH.

   Assinale a alternativa que lista duas substâncias úteis para se preparar uma solução-tampão:
   a) I e II.
   b) II e III.
   c) II e V.
   d) I e V.
   e) IV e V.

6. No preparo de uma solução de 2,0 L, um químico mistura 4,0 mol de HCN e 2,0 mol de KOH. A solução resultante:
   I. apresenta propriedade tamponante.
   II. muda da cor azul para cor vermelha no papel tornassol.
   III. tem caráter ácido.

Dados: HCN é um ácido fraco e KOH é uma base forte.

Está correto o que se afirma somente em:
a) I.
b) II.
c) III.
d) I e II.
e) I e III.

7. As soluções-tampão desempenham um papel fundamental em muitos processos bioquímicos. O plasma sanguíneo, por exemplo, é uma solução-tampão na qual uma variação maior que 0,2 unidade de pH pode ocasionar a morte. Sobre o tema, analise as afirmativas a seguir.
   I. A dissolução do ácido em água para a preparação de uma solução-tampão apresenta a constante de ionização igual a 1.
   II. Um exemplo de solução-tampão é aquela que contém uma base fraca e um sal derivado dessa base fraca.
   III. Adicionando-se quantidades molares semelhantes de ácido acético e de acetato de sódio à água, obtém-se uma solução-tampão.
   IV. A solução-tampão resiste às variações de pH quando se adicionam pequenas quantidades de um ácido ou de uma base.

São verdadeiras apenas as afirmativas:
a) I e II.
b) I e IV.
c) III e IV.
d) I, II e III.
e) II, III e IV.

8. Relacione as substâncias com o respectivo valor de pH:

   a) Suco de maçã   ( ) pH 11,5
   b) Café   ( ) pH 3,8
   c) Sabão em pó   ( ) pH 5,8
   d) Batata   ( ) pH 5,0

9. O leite de magnésia é usado para controlar acidez estomacal causadora da azia. Para verificar o pH, foi utilizada fenolftaleína à solução, um indicador ácido-base. Assinale a alternativa que indica a cor e o valor correspondente de pH para esse alimento quando adicionado o indicador:
   a) rosa, pH = 7,2.
   b) incolor, pH = 8,0.
   c) rosa, incolor, pH = 4,3.
   d) incolor, pH = 6,4.
   e) rosa, pH = 5,4.

Atividades de aprendizagem
Questões para reflexão

1. O papel tornassol neutro é um papel indicador com uma tintura orgânica que muda de cor na presença de soluções ácido-base. O papel tornassol vermelho é usado para testar bases, e o tornassol azul, para testar ácidos. Indique qual é a cor desse indicador na presença de soluções ácidas e alcalinas.

2. A variação do pH do solo é um parâmetro importante na agricultura, pois interfere na produtividade e é determinante para o desenvolvimento de algumas culturas. Até a cor das flores sofre influência do pH do solo: um exemplo são as hortênsias, que são azuis em solo ácido e podem variar do rosa ao branco em solo alcalino. Considere um solo que precise ter o pH corrigido. Qual é a substância comumente utilizada para fazer a correção do pH do solo?

Atividade aplicada: prática

1. Calcule o pH das substâncias indicadas no quadro a seguir.

    Quadro A – Valor do pH de algumas substâncias

Líquido	[H$^+$] mol/L	pH
Leite	$1,0 \cdot 10^{-7}$	
Água do mar	$1,0 \cdot 10^{-8}$	
Refrigerante de cola	$1,0 \cdot 10^{-3}$	
Café preparado	$1,0 \cdot 10^{-5}$	
Lágrima	$1,0 \cdot 10^{-7}$	
Água de lavadeira	$1,0 \cdot 10^{-12}$	

Capítulo 6

Reações químicas

As reações químicas são mudanças que envolvem a formação de novas substâncias, chamadas *produtos*; isso se deve à alteração das propriedades das substâncias iniciais, os reagentes.

De modo geral, toda e qualquer matéria pode sofrer mudanças. Quando são apenas relacionadas ao estado físico ou à agregação do material, considera-se uma transformação física da matéria, sem a formação de novas substâncias. A transformação química, por sua vez, ocorre quando há formação de uma substância diferente e com características distintas das iniciais.

São exemplos de transformações físicas:

- sal dissolvido na água;
- grãos de sal triturados;
- papel rasgado;
- copo de vidro quebrado;
- gelo derretido.

Além disso, segundo a **lei de Lavoisier**, nada se perde, nada se cria, tudo se transforma, ou seja, ocorre a conservação das massas. Logo, em uma reação química, a massa se conserva porque não acontece a criação nem a destruição de átomos – estes são conservados, apenas se rearranjam. Os agregados atômicos dos reagentes são desfeitos e novos agregados atômicos são formados.

$$2\,H_2 + O_2 \rightarrow 2\,H_2O$$

$$4\,g \quad 32\,g \quad 36\,g$$

Logo, em uma reação química ocorre a transformação da matéria. Mudanças qualitativas são observadas na composição química de uma ou mais substâncias reagentes, resultando na formação de um ou mais produtos novos, dos quais pelo menos uma ligação química é rompida e uma nova é criada.

Figura 6.1 – Rota sintética de novos produtos

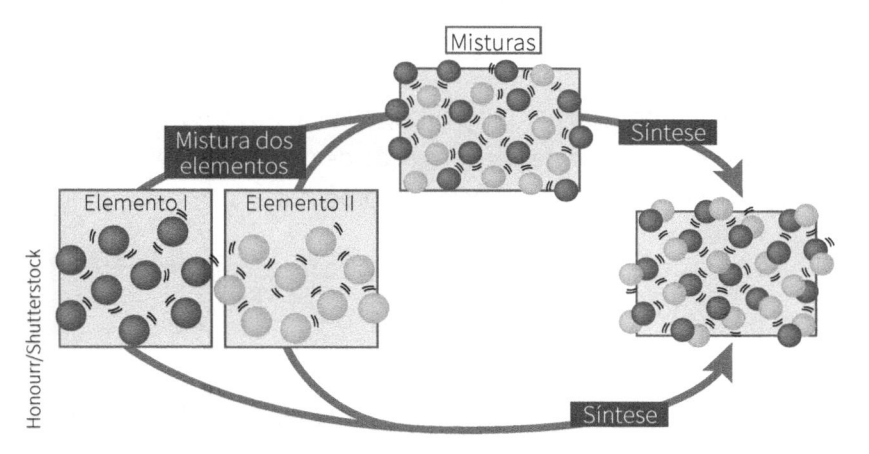

Honourr/Shutterstock

Então, quando uma ou mais substâncias interagem, formando novas substâncias, a transformação pode ser percebida por meio de evidências como:

- mudança de cor;
- liberação de gás;
- formação de sólido;
- formação de chama;
- aparecimento de cheiro característico;
- desaparecimento das substâncias iniciais.

Outras reações só são perceptíveis por sensores ou detectores colocados no meio reacional, como as alterações de condutividade elétrica e na forma como uma substância absorve a luz.

Segundo a **teoria das colisões**, para que haja uma transformação química, deve haver uma colisão entre as partículas dos reagentes por meio de uma orientação adequada e com energia maior do que a mínima necessária para a ocorrência da reação. Quando os reagentes são colocados em contato, começam a colidir uns com os outros, mas nem todas as colisões são efetivas. Colisões efetivas são aquelas que acontecem com orientação apropriada das moléculas, levando ao rompimento das ligações dos reagentes e à formação de novas ligações, dando origem a novas substâncias, os produtos.

Figura 6.2 – Colisão das moléculas em uma reação e formação do complexo ativado

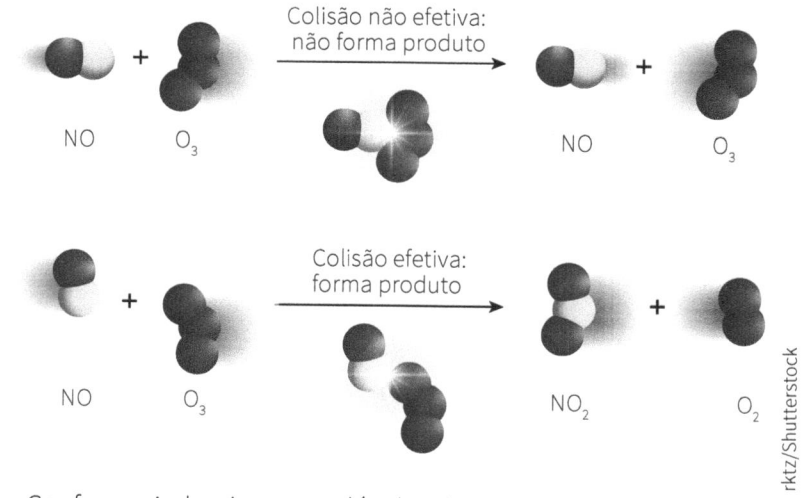

Colisão não efetiva: não forma produto

NO + O_3 → NO + O_3

Colisão efetiva: forma produto

NO + O_3 → NO_2 + O_2

rktz/Shutterstock

Conforme Arrhenius, as moléculas dos reagentes devem ter uma energia mínima para que reajam, ou seja, as moléculas devem apresentar uma energia cinética mínima para que a reação seja iniciada. Essa energia mínima é conhecida como

energia de ativação (Ea). Quando o sistema não recebe essa energia mínima, a reação não ocorre.

Nas colisões efetivas, as moléculas absorvem uma quantidade mínima de energia (Ea) e formam uma espécie intermediária, conhecida como *complexo ativado*. Essa espécie química não pode ser isolada, mas é nesse estado de transição entre reagentes e produtos que as ligações se rompem e novas ligações são formadas.

Em uma reação, ocorre a colisão dos reagentes, a formação do complexo ativado, que é o estado de transição, e a formação dos produtos.

Figura 6.3 – Representação genérica de uma reação com formação do complexo ativado

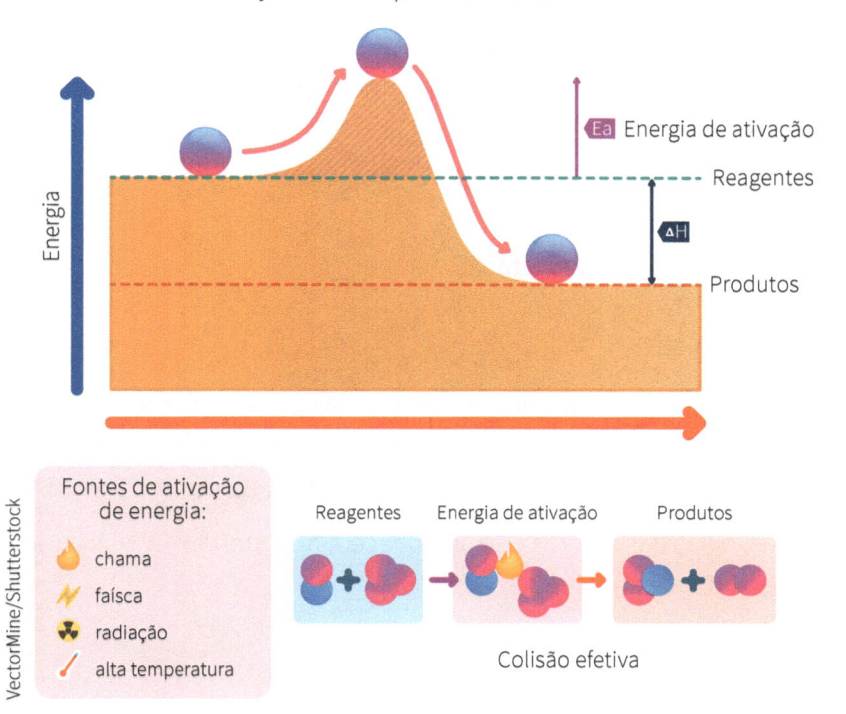

Ea Energia de ativação
Reagentes
ΔH
Produtos

Energia

Fontes de ativação de energia:
- chama
- faísca
- radiação
- alta temperatura

Reagentes → Energia de ativação → Produtos

Colisão efetiva

VectorMine/Shutterstock

6.1 Fatores que impulsionam as reações

As reações químicas podem ocorrer de diversas formas, conforme detalharemos a seguir.

Ação do calor

Muitas substâncias se transformam em outras diferentes pela ação do calor.

Uma **decomposição térmica** ou **termólise** ocorre quando uma substância se decompõe em pelo menos duas novas substâncias graças ao aquecimento. Quando a substância se degrada em razão das altas temperaturas e da ausência de oxigênio, o processo é conhecido como *pirólise*. São exemplos desse processo:

- transformação do açúcar em caramelo;
- cozimento da comida;
- decomposição de material.

Ação da luz

As reações provocadas pela incidência da luz são denominadas *fotólise*. Proveniente do sol ou artificial, a luz é um agente que desencadeia muitas transformações químicas, como:

- as folhas das árvores que amarelecem no outono;
- a fruta que amadurece;

- a pele que fica bronzeada quando exposta ao sol sem proteção;
- as plantas que realizam a fotossíntese.

Ação mecânica

São transformações químicas que acontecem em virtude de fricção ou choque entre materiais, com a liberação de energia que desencadeia a reação química. Por exemplo:

- ato de acender um fósforo;
- explosão da dinamite;
- abertura do *airbag* de um automóvel após uma colisão.

Ação da corrente elétrica

Algumas substâncias se decompõem quando uma corrente elétrica é aplicada, resultando em uma reação de oxirredução. Isso é chamado *eletrólise*, e pode ser exemplificado por:

- decomposição da água em hidrogênio e oxigênio;
- processos de oxidação de metais.

Junção de substâncias

Há transformações químicas que ocorrem de modo espontâneo pelo simples fato de estarem em contato, por exemplo:

- vinagre com bicarbonato de sódio produz gás carbônico;
- uma solução aquosa de sulfato de cobre com pregos de ferro, depois de algum tempo, fica esverdeada e com precipitado acastanhado.

Exercícios resolvidos

1. (Fatec – PR) Três das evidências da ocorrência de transformação química são:

    ☐ mudança de cor;
    ☐ mudança de cheiro;
    ☐ produção de gás.

    Essas três evidências são observadas, conjuntamente, quando:
    a) uma esponja de aço exposta ao ar úmido fica enferrujada.
    b) a massa de um bolo é assada em um forno de fogão a gás.
    c) cal hidratada, $Ca(OH)_2$ por aquecimento, transforma-se em cal viva, CaO.
    d) soluções aquosas de Na_2CO_3 e HCl são misturadas produzindo efervescência.
    e) cubos de gelo acrescentados a um copo de água líquida desaparecem.

    Resposta correta: b

    A massa de um bolo muda de cor depois que ele está assado. A mistura dos ingredientes confere um cheiro característico do bolo quando está pronto, e o fermento faz o bolo crescer pela produção do gás carbônico.

    Para as outras alternativas, ocorre: a) mudança de cor; c) produção de um composto sólido; d) produção de gás; e) mudança de estado físico da água.

2. Uma reação química pode ser exemplificada pela:
   a) evaporação da água do mar.
   b) fusão do gelo.
   c) digestão dos alimentos.
   d) sublimação do naftaleno.
   e) liquefação do ar atmosférico.

   Resposta correta: c

   Quando ocorre o processo de digestão, acontece a transformação daquilo que se come em substâncias que são absorvidas pelo organismo. Para as demais alternativas, os processos de evaporação, fusão, sublimação e liquefação são exemplos de mudanças de estado físico, ou seja, os materiais apresentados continuam os mesmos, mas em estados físicos diferentes.

6.2 Fatores termodinâmicos e cinéticos

A velocidade das reações químicas é dependente da temperatura, da concentração de substâncias e do contato entre os elementos químicos envolvidos. Quando os reagentes estão na fase gasosa, as reações são mais rápidas, pois as moléculas conseguem mover-se rapidamente e chocar-se; já as reações entre reagentes líquidos e sólidos são mais lentas.

Assim, uma reação química se efetiva quando duas ou mais substâncias entram em contato. Simultaneamente acontecem o rompimento e a formação de novas ligações, que resultam em novas substâncias. Para isso, os reagentes presentes nas reações químicas devem ter afinidade química.

Quanto ao **fator termodinâmico** do sistema, uma reação é favorecida com o aumento da entropia e a diminuição da energia do sistema. A **entropia (S)** é a grandeza que mede o grau de desordem e está relacionada à espontaneidade de algum processo. Quando o processo ocorre espontaneamente, a entropia do sistema aumenta; logo, o sistema fica menos organizado.

Já a **entalpia (H)** está relacionada com a energia interna armazenada nas substâncias. Durante uma transformação, essa energia pode ser alterada ou liberada. Entalpia é um parâmetro termodinâmico que denota a soma da energia interna (U) e do produto da pressão e do volume (PV) de um sistema dado pela equação:

$$H = U + P \cdot V$$

Em uma **reação endotérmica**, há a absorção de energia. A energia não é produzida pelo sistema, mas fornecida em forma de calor da vizinhança para ele, como a fusão da água, do estado sólido para o líquido, à temperatura ambiente.

Figura 6.4 – Energia liberada em reações endotérmicas

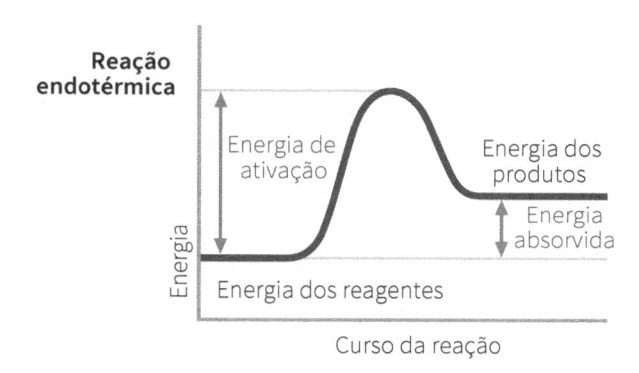

Reação endotérmica

(Eixo Y: Energia; Eixo X: Curso da reação)
- Energia de ativação
- Energia dos reagentes
- Energia dos produtos
- Energia absorvida

Já em uma **reação exotérmica**, a liberação de energia se dá em virtude de a energia potencial dos reagentes ser maior do que a energia dos produtos. Logo, nesse processo, à medida que se inicia a reação, o excesso de energia dos reagentes é transferido em forma de calor para a vizinhança.

Figura 6.5 – Energia liberada em reações exotérmicas

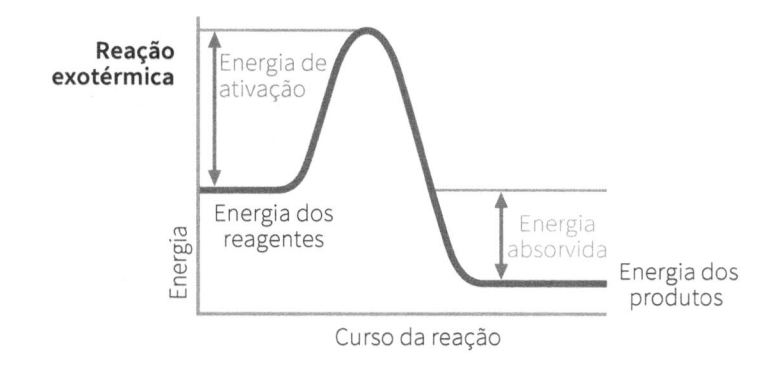

Reação exotérmica

(Eixo Y: Energia; Eixo X: Curso da reação)
- Energia de ativação
- Energia dos reagentes
- Energia absorvida
- Energia dos produtos

As **reações espontâneas** são aquelas que avançam na formação do produto por conta própria. A condição mais usual para a espontaneidade termodinâmica de reações inorgânicas é a de que elas sejam exotérmicas. Logo, se uma reação é espontânea em dada direção, ela, obviamente, não o é na direção contrária. Para se prever a espontaneidade de uma reação, basta observar a formação de gases, precipitados. São também espontâneas as reações entre oxidantes e redutores fortes e a formação de eletrólitos fracos.

Conceituação dos eletrólitos

- **Eletrólitos**: substâncias que, em solução aquosa, dissolvem-se e formam íons.
- **Não eletrólitos**: substâncias que, em solução aquosa, dissolvem-se sem formar íons.
- **Eletrólitos fortes**: substâncias que, em solução aquosa, dissolvem-se completamente. Os eletrólitos fortes mais comuns são:
  - ácidos fortes, como $HClO_4$, H_2SO_4, HNO_3, HCl e HBr;
  - hidróxidos dos metais alcalinos e alcalino-terrosos, exceto $Be(OH)_2$ e $Mg(OH)_2$;
  - praticamente todos os sais comuns.
- **Eletrólitos fracos**: substâncias que, em solução aquosa, dissolvem-se parcialmente; logo, é estabelecido um equilíbrio entre as formas dissociadas iônica e não dissociada molecular do eletrólito.

Para diferenciar eletrólitos fortes, fracos e não eletrólitos, pode-se medir a condutividade elétrica das soluções: quanto maiores são o número de íons e a carga desses íons, maior é a condutividade da solução.

Figura 6.6 – Condutividade de soluções com eletrólitos fortes, eletrólitos fracos e não eletrólitos

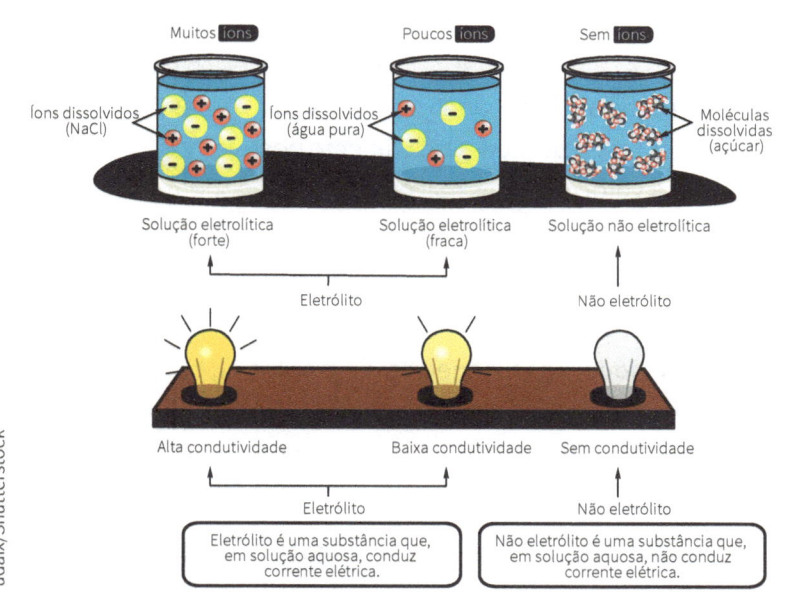

udaix/Shutterstock

É importante notar que uma reação espontânea não necessariamente se desenvolve rapidamente.

Quanto ao **fator cinético** do sistema, para que uma reação ocorra, é necessário que os reagentes superem uma barreira energética, ou seja, o sistema deve ter quantidade de energia suficiente para que a reação se inicie. A **energia de ativação** é a energia mínima necessária para a formação do **complexo ativado**, um estado transitório da reação entre os reagentes, enquanto os produtos finais ainda não estão formados.

Quanto maior é a energia de ativação, mais difícil é para a reação se iniciar e mais lenta ela é. Dessa forma, uma reação termodinamicamente favorável pode acontecer de maneira extremamente lenta ou acabar nem sendo observada em um intervalo de tempo consideravelmente grande; nesse caso, diz-se que a reação é *cineticamente desfavorável*. É preciso entender que uma reação, para ser cineticamente viável, necessita, primeiramente, ser termodinamicamente possível.

Quanto à **velocidade**, as reações químicas podem ser classificadas como:

- **reações rápidas**: ocorrem instantaneamente, com duração de microssegundos;
- **reações moderadas**: podem levar minutos ou horas para serem finalizadas;
- **reações lentas**: podem durar séculos, porque os reagentes combinam-se lentamente.

Alguns fatores podem afetar a velocidade das reações, entre eles:

- **concentração de reagentes**: quanto maior é a concentração dos reagentes, maior é a velocidade da reação;
- **superfície de contato**: quanto maior é a superfície de contato, maior é a velocidade da reação;
- **pressão**: quanto maior é a pressão, maior é a velocidade da reação;

- **temperatura**: quanto maior é a temperatura, maior é a velocidade da reação;
- **catalisadores**: a presença de um catalisador aumenta a velocidade da reação.

6.3 Classificação das reações inorgânicas

As reações químicas são classificadas de acordo com seu comportamento. São diferenciadas com base no número de reagentes e nos produtos de cada membro da equação química, conforme segue.

Síntese ou adição

Reação entre duas ou mais substâncias simples ou compostas, formando uma única substância composta.

Figura 6.7 – Esquema genérico da reação de síntese

OSweetNature/Shutterstock

Exemplos:

$2\,CO + O_2 \rightarrow 2\,CO_2$

$2\,H_2 + O_2 \rightarrow 2\,H_2O$

$2\,C + 3\,H_2 + \frac{1}{2}\,O_2 \rightarrow C_2H_6O$

$N_2 + 3H_2 \rightarrow 2NH_3$

Análise ou decomposição

Reação em que uma única substância composta se desdobra em outras substâncias, simples ou compostas, ou seja, forma duas ou mais substâncias.

Figura 6.8 – Esquema genérico da reação de decomposição

Exemplos:

$2HCl \rightarrow H_2 + Cl_2$ (pirólise)

$2H_2O_2 \rightarrow 2H_2 + O_2$ (fotólise)

$2\ H_2O \rightarrow 2H_2 + O_2$ (eletrólise)

Simples troca, deslocamento ou substituição

Reação em que uma substância simples reage com uma substância composta, formando uma nova substância simples e uma nova substância composta.

Figura 6.10 – Esquema genérico da reação de simples troca

Exemplos:

$Cl_2 + 2NaI \rightarrow 2NaCl + I_2$

$Fe + CuSO_4 \rightarrow FeSO_4 + Cu$

$Na + AgCl \rightarrow NaCl + Ag$

Quando a substância simples é um metal, ela deve ser mais reativa que um não metal para deslocá-lo. Para isso, é preciso verificar a reatividade ou eletropositividade do elemento na fila de reatividade de metais, conforme mostra a Figura 6.10.

Figura 6.10 – Fila de reatividade dos metais

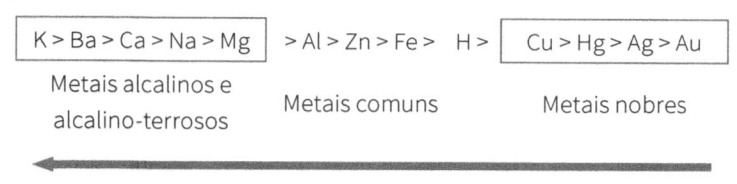

K > Ba > Ca > Na > Mg	> Al > Zn > Fe > H >	Cu > Hg > Ag > Au
Metais alcalinos e alcalino-terrosos	Metais comuns	Metais nobres

← Reatividade crescente ou eletropositividade crescente

Um metal que vem antes na fila desloca um que vem depois, e assim a reação efetua; por exemplo, no caso a seguir, o Zn é mais reativo que o Cu:

$$Zn + CuSO_4 \rightarrow Cu + ZnSO_4$$

Já a reação seguinte não acontece, porque o Cu é menos reativo que o Zn:

$$Cu + ZnSO_4 \rightarrow \text{não ocorre}$$

Quando a substância simples é um não metal, a reação acontece caso este seja mais eletronegativo ou mais reativo que o metal. Comparamos a reatividade ou eletronegatividade do não metal pela relação da figura a seguir.

Figura 6.11 – Fila de reatividade dos não metais

$$F > O > Cl > Br > I > S > C$$

← Reatividade crescente ou eletronegatividade crescente

Exemplos:

$H_2S + Cl_2 \rightarrow 2\ HCl + S$

$Cl_2 + NaBr \rightarrow NaCl + Br_2$

$NaCl + Br_2 \rightarrow$ não ocorre

Dupla-troca

Reação em que duas substâncias compostas produzem duas novas substâncias compostas.

Figura 6.12 – Esquema genérico da reação de dupla-troca

$$AB + CD \rightarrow AC + BD$$

©SweetNature/Shutterstock

Exemplos:

$HCl + NaOH \rightarrow NaCl + H_2O$

$NaCl + AgNO_3 \rightarrow AgCl + NaNO_3$

As reações de dupla-troca não ocorrem na prática se todos os produtos formam substâncias solúveis e nenhum deles é volátil. Elas podem originar os produtos listados a seguir.

Produto insolúvel

Formação de um precipitado sólido ao final do processo. Eis um exemplo:

$$2AgNO_{3\,(aq)} + Na_2CrO_{4\,(aq)} \rightarrow Ag_2CrO_{4\,(s)} + 2NaNO_{3\,(aq)}$$

Nesse caso, o produto formado – cromato de prata (Ag_2CrO_4) – é um sal branco insolúvel em água. A reação pode ser facilmente detectada pela formação desse precipitado sólido no fundo do recipiente.

Figura 6.13 – Reação com formação de precipitado

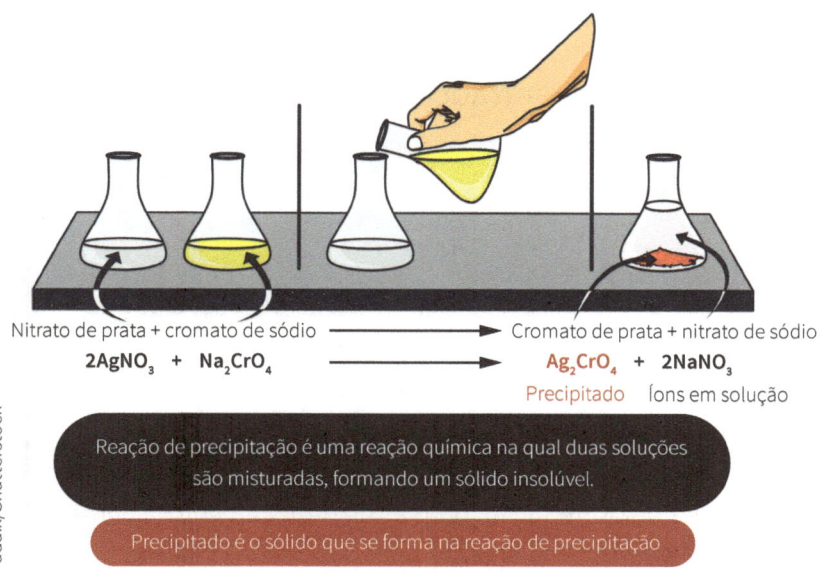

Nitrato de prata + cromato de sódio ⟶ Cromato de prata + nitrato de sódio

$2AgNO_3$ + Na_2CrO_4 ⟶ Ag_2CrO_4 + $2NaNO_3$
                                    Precipitado   Íons em solução

Reação de precipitação é uma reação química na qual duas soluções são misturadas, formando um sólido insolúvel.

Precipitado é o sólido que se forma na reação de precipitação

A solubilidade das substâncias nos mais diferentes solventes é uma propriedade determinada experimentalmente, portanto podemos consultar as tabelas com os valores de solubilidade de um soluto em certo solvente. As regras de solubilidade para alguns sais solúveis em água foram apresentadas anteriormente, no Capítulo 4.

Produto mais volátil

Formação de um gás ao final do processo. Um exemplo é a reação entre um ácido e o carbonato de magnésio. O produto intermediário formado é o ácido carbônico (H_2CO_3), que é instável e se decompõe rapidamente, produzindo um gás carbônico (CO_2):

$$2H^+_{(aq)} + CO_3^{-2}{}_{(aq)} \rightarrow CO_{2(g)} + H_2O_{(l)}$$

Produto menos ionizado

Formação de um produto menos dissociado, ou seja, mais fraco. Eis um exemplo:

$$HCl_{(aq)} + NaOH_{(aq)} \rightarrow NaCl_{(aq)} + H_2O_{(l)}$$

A reação de neutralização é um exemplo de reação que dá origem a produto menos ionizado. A reação entre um ácido forte e uma base forte é uma reação de dupla-troca, na qual o produto H_2O é menos ionizado do que os reagentes.

Nenhuma reação de dupla-troca é de oxirredução; porém, são reações de oxirredução todas as de deslocamento, algumas de síntese e algumas de análise.

Exercício resolvido

1. Das transformações apresentadas a seguir, quais são reações químicas? Dê como resposta a soma dos números das proposições corretas.

   (01) digestão dos alimentos.

   (02) enferrujamento de uma calha.

(04) explosão da dinamite.

(08) fusão do gelo.

(16) queda da neve.

(32) combustão do álcool de um automóvel.

(64) sublimação da naftalina.

Resposta correta: 39

Resolução

São transformações químicas as alternativas 01, 02, 04 e 32. (01) Na digestão humana, há a transformação do alimento em substâncias que são absorvidas pelo organismo; (02) Quando uma calha apresenta ferrugem, é sinal de que houve reação de oxirredução; (04) A explosão da dinamite ocorre por ação mecânica; (32) A combustão do álcool em um automóvel é uma reação química. As demais alternativas são mudanças de estado físico.

6.4 Tipos de reações

As reações químicas podem ser classificadas segundo o tipo de substâncias reagentes ou produtos formados. As mais comuns são as reações de neutralização e as reações de oxirredução.

6.4.1 Reação de neutralização

Trata-se de uma reação de dupla-troca. Acontece quando um ácido e uma base são misturados. Também é conhecida por *reação de neutralização* ou *salificação*, pois tem o sal como produto. A fórmula geral para esse tipo de reação é:

$$\text{ácido} + \text{base} \rightarrow \text{sal} + \text{água}$$

Figura 6.14 – Reação ácido-base

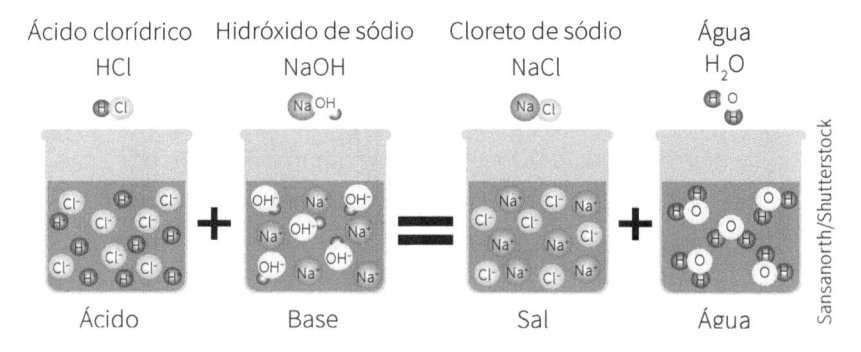

Ácido clorídrico	Hidróxido de sódio	Cloreto de sódio	Água
HCl	NaOH	NaCl	H_2O
Ácido	Base	Sal	Água

Sansanorth/Shutterstock

Uma reação de neutralização acontece em solução aquosa quando um ácido se ioniza e libera o íon H^+, ou a base se dissocia e libera o íon OH^-. Essas espécies se combinam, formando água. Da mesma forma, o ânion do ácido se liga ao cátion da base, formando o sal, substância característica desse tipo de reação:

$$\text{Ácido}_{(aq)} \rightarrow H^+ + \text{ânion}$$

$$\text{Base}_{(aq)} \rightarrow OH^- + \text{cátion}$$

Segundo a definição de Arrhenius, sal é um composto que, em solução aquosa, libera um cátion diferente de H^+ e um ânion diferente de OH^-. Com base na quantidade de H^+ e OH^-, é possível medir o pH da solução: quanto maior é a concentração de íons H^+, menor é o pH (menor do que 7). Em solução básica, a concentração dos íons H^+ é baixa na solução e o pH é maior do que 7. A solução do meio é neutra quando seu pH é igual a 7.

Reações de neutralização têm aplicações importantes, e uma delas é a correção do pH de efluentes industriais antes de serem devolvidos ao meio ambiente. Os comprimidos estomacais antiácidos são compostos por substâncias básicas que, por meio da neutralização, reduzem a azia do estômago.

6.4.2 Reação de oxirredução

É uma reação de simples troca. Acontece pela transferência de elétrons, com variação do número de oxidação (nox) dos átomos dos elementos, que representa a carga elétrica do átomo.

Figura 6.15 – Reação de oxirredução

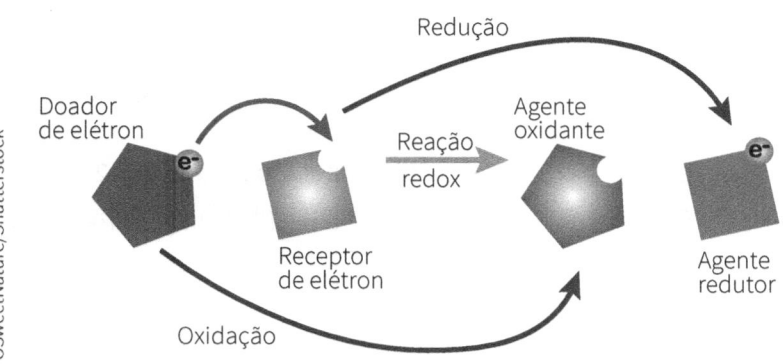

Para compostos iônicos, a carga do íon formada na ligação iônica representa a carga real. O nox é igual à carga do íon formado. Por exemplo, no NaCl, formado pelos íons Na⁺ e Cl⁻, o nox do Na é igual a +1, e o nox do Cl é igual a –1.

Para íons simples, o nox é igual à respectiva carga do íon. São exemplos o Al^{+3}, que tem nox é igual a +3, e o Mg^{+2}, com nox igual a +2. A soma dos nox de todos os íons que formam um composto é igual à carga do íon.

Para compostos moleculares, formados por uma ligação covalente, ocorre um deslocamento dos elétrons devido à diferença de eletronegatividade dos átomos. Essa carga é designada *carga parcial* ou *densidade de carga*. Para o HCl, o átomo mais eletronegativo é o cloro, que atrai os elétrons da ligação, formando uma densidade de carga. O cloro adquire carga parcial negativa (δ^-); já o hidrogênio, carga parcial positiva (δ^+).

O nox dos átomos de substâncias simples, como H_2, O_3, Ag, é sempre igual a zero. O nox do hidrogênio é +1 na molécula de água, por exemplo. No entanto, quando combinado com metal, seu nox se altera e passa a ser –1, como na molécula NaH.

Quando forma substâncias compostas, o nox do oxigênio é –2. No entanto, quando forma peróxidos, é igual a –1. Quando o oxigênio se liga com o flúor, o nox é alterado para +1 ou +2: no composto OF_2, o nox do oxigênio é igual a +2 e, no composto O_2F_2, é igual a +1. Em todas as situações, a soma do nox dos átomos de uma molécula é igual a zero.

Figura 6.16 – Aumento do caráter iônico nas ligações

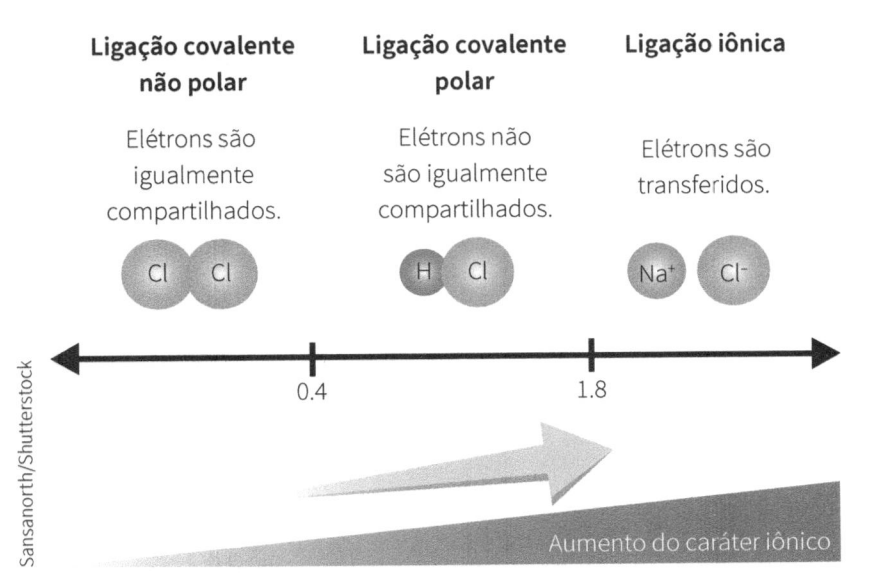

Ligação covalente não polar	Ligação covalente polar	Ligação iônica
Elétrons são igualmente compartilhados.	Elétrons não são igualmente compartilhados.	Elétrons são transferidos.
Cl Cl	H Cl	Na^+ Cl^-

0.4   1.8

Aumento do caráter iônico

Em uma reação, os processos de oxidação e de redução ocorrem simultaneamente. A reação de oxirredução é, na verdade, uma reação química em que acontece a transferência de elétrons de uma espécie química para outra.

Quando um prego de ferro é deixado em uma solução de sulfato de cobre, após certo tempo a solução muda de cor, de azul para verde, e o prego ganha uma coloração avermelhada. Observe a equação.

$$Fe + CuSO_4 \longrightarrow FeSO_4 + Cu$$

cinza   azul   esverdeado   avermelhado

Nessa reação, o ferro, inicialmente neutro, tem nox igual a zero. Em contato com a solução, perde dois elétrons, os quais são transferidos para o cobre, que se torna carregado e passa a apresentar nox igual a +2, ou seja, ocorre o processo de oxidação do ferro. Simultaneamente, o cobre, inicialmente carregado, com nox igual a +2, recebe dois elétrons e torna-se neutro (com nox igual a zero), em um processo de redução do cobre. A reação está expressa a seguir.

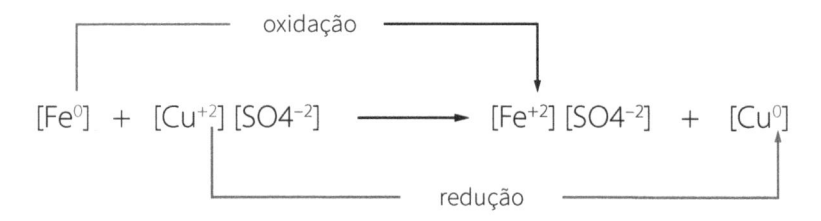

$$[Fe^0] + [Cu^{+2}][SO4^{-2}] \longrightarrow [Fe^{+2}][SO4^{-2}] + [Cu^0]$$

(oxidação: $Fe^0 \to Fe^{+2}$; redução: $Cu^{+2} \to Cu^0$)

Logo, o agente oxidante é a espécie que sofre redução:

$$Cu^{+2} + 2e^- \to Cu^0$$

E o agente redutor é a espécie que sofre oxidação:

$$Fe^0 \to Fe^{+2} + 2e^-$$

Pode-se considerar, ainda, a chamada *equação global*, que mostra somente os íons ou átomos que mudaram o número de oxidação:

$$Fe^0 + Cu^{+2} \to Fe^{+2} + Cu^0$$

As reações redox podem ser utilizadas para gerar corrente elétrica e estão associadas a uma **diferença de potencial (ddp)** medida em volt (V). A ddp entre os eletrodos é o valor inicial de funcionamento de uma pilha, conhecido como *força eletromotriz* (fem ou ε), e pode ser medida com o uso de um voltímetro entre os dois eletrodos da pilha.

Foi o cientista John Frederic Daniell (1790-1845) quem construiu, em 1836, uma pilha formada por dois eletrodos separados em semicélulas, que ficou conhecida como *pilha de Daniell*. Ele utilizou uma solução de sulfato de zinco com eletrodo de zinco em uma das células e, na outra, uma solução de sulfato de cobre com eletrodo de cobre; desse modo, obteve uma fem para o sistema de 1,10 V.

Figura 6.17 – Pilha de Daniell

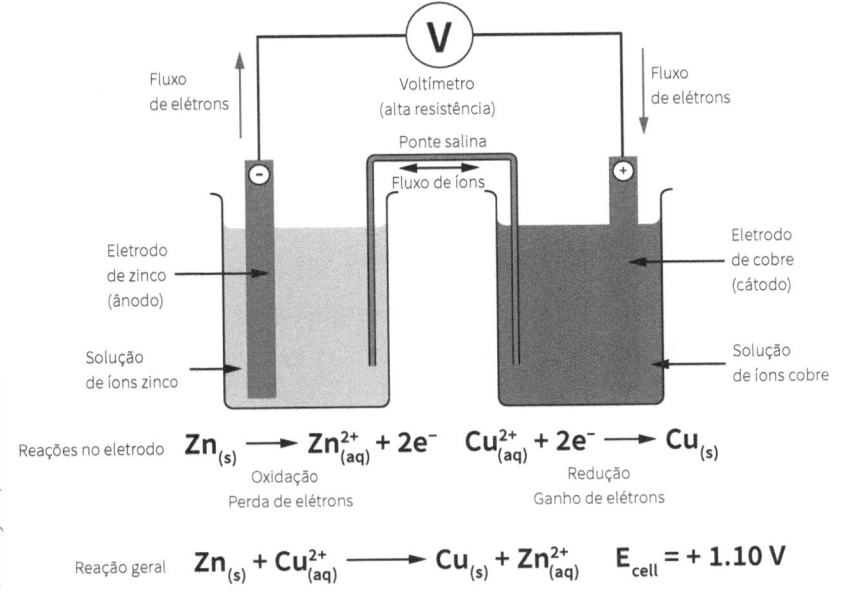

Reações no eletrodo: $Zn_{(s)} \longrightarrow Zn^{2+}_{(aq)} + 2e^-$ (Oxidação – Perda de elétrons) $Cu^{2+}_{(aq)} + 2e^- \longrightarrow Cu_{(s)}$ (Redução – Ganho de elétrons)

Reação geral: $Zn_{(s)} + Cu^{2+}_{(aq)} \longrightarrow Cu_{(s)} + Zn^{2+}_{(aq)}$ $E_{cell} = +1{,}10\ V$

Depois de um tempo, na placa de zinco observa-se o processo de oxidação e uma perda de massa do eletrodo. Simultaneamente, na placa de cobre acontece um aumento de sua massa e a solução de sulfato de cobre, que era azulada, fica incolor, evidenciando que a placa de zinco metálico atua como ânodo ou polo negativo da pilha, ou seja, ocorre o processo de redução.

O processo de oxidação acontece no eletrodo de zinco, que perde elétrons e forma os íons zinco (Zn^{2+}), que vão para a solução. Por isso, a placa de zinco vai perdendo massa com o passar do tempo. A semirreação do ânodo que ocorre no eletrodo está representada a seguir:

$$Zn^0_{(s)} \rightleftharpoons Zn^{2+}_{(aq)} + 2\ e^-$$

O processo de redução ocorre no eletrodo de cobre e é o polo positivo da pilha, porque os íons cobre (Cu^{2+}) da solução recebem os elétrons provenientes do eletrodo de zinco, produzindo cobre metálico (Cu^0), como mostrado na semirreação do cátodo a seguir:

$$Cu^{2+}_{(aq)} + 2\ e^- \rightleftharpoons Cu^0_{(s)}$$

Esse cobre metálico vai se depositando na placa, gerando um ganho de massa no eletrodo, e a solução de sulfato de cobre, que inicialmente tem um tom azulado em razão da presença dos íons Cu^{2+}, vai mudando sua coloração para um tom esverdeado.

O zinco tem maior potencial de oxidação do que o cobre. A pilha é um processo espontâneo, ou seja, a espécie com maior potencial de redução sofre redução, e a outra, o processo de oxidação. Por isso, o potencial da pilha muda dependendo do metal utilizado como eletrodo. Substituindo-se o zinco por uma placa de prata, o cobre sofre o processo de oxidação, pois este tem maior potencial de oxidação, e a prata tem maior potencial de redução – nesse sistema, o cobre seria o polo negativo, e a prata, o polo positivo. A reação global da pilha é mostrada na equação:

$$Zn_{(s)} + Cu^{2+}_{(aq)} \to Zn^{2+}_{(aq)} + Cu_{(s)}$$

A convenção para a representação das pilhas é feita conforme mostra a Figura 6.18, a seguir.

6.18 – Convenção adotada para representação de pilhas

Ânodo		Cátodo	
Substância metálica que sofre oxidação	Cátion que se forma	Cátion que sofre redução	Substância metálica que se forma
A	A^{x+}	B^{x+}	B

Seguindo essa notação química, a representação da pilha de Daniell é:

$$Zn \,/\, Zn^{2+} \,//\, Cu^{2+} \,/\, Cu$$

O sentido do fluxo dos elétrons dependerá de quais metais serão selecionados como eletrodo. Os dados de potencial de redução são tabelados e auxiliam na escolha da combinação de metais e na determinação do potencial formado pela pilha.

Para calcular a força eletromotriz de uma pilha, convencionou-se medir o potencial de redução e de oxidação de cada eletrodo em relação a um eletrodo de referência, isto é, um eletrodo em condições padrões e que possa ser comparado com os demais eletrodos. O eletrodo de hidrogênio, utilizado como referência, é formado por um fio de platina (Pt) e uma placa de platina dentro de um tubo de vidro preenchido com gás hidrogênio (H_2); esse gás inerte não participa da reação. O sistema está imerso em uma solução de ácido sulfúrico de concentração 1 mol/L, a 25 °C e 1 atm. Com base nesses dados, foi possível determinar experimentalmente os valores de potenciais padrão de redução de vários metais e também os potenciais padrão de oxidação de alguns ametais. Vejamos alguns desses dados na tabela a seguir.

Quadro 6.1 – Valores experimentais de potenciais padrão de redução

Semirreação	E^0_{red}
$Li^+ + 1e^- \rightleftharpoons Li$	$E^0_{red} = -3{,}045\ V$
$Mg^{2+} + 2e^- \rightleftharpoons Mg$	$E^0_{red} = -2{,}375\ V$
$Af^{3+} + 3e^- \rightleftharpoons Af$	$E^0_{red} = -1{,}66\ V$
$Mn^{2+} + 2e^- \rightleftharpoons Mn$	$E^0_{red} = -1{,}18\ V$
$Zn^{2+} + 2e^- \rightleftharpoons Zn$	$E^0_{red} = -0{,}76\ V$
$Cr^{3+} + 3e^- \rightleftharpoons Cr$	$E^0_{red} = -0{,}74\ V$
$Fe^{2+} + 2e^- \rightleftharpoons Fe$	$E^0_{red} = -0{,}44\ V$
$Co^{2+} + 2e^- \rightleftharpoons Co$	$E^0_{red} = -0{,}28\ V$
$Ni^{2+} + 2e^- \rightleftharpoons Ni$	$E^0_{red} = -0{,}24\ V$
$Pb^{2+} + 2e^- \rightleftharpoons Pb$	$E^0_{red} = -0{,}13\ V$
$Fe^{3+} + 3e^- \rightleftharpoons Fe$	$E^0_{red} = -0{,}036\ V$
$2\,h_3O^+ + 2e^- \rightleftharpoons H_{2(g)} + 2H_2O_{(l)}$	$E^0_{red} = +0{,}00\ V$
$Cu^+ + 1e^- \rightleftharpoons Cu$	$E^0_{red} = +0{,}15\ V$
$Sn^{4+} + 2e^- \rightleftharpoons Sn^{2+}$	$E^0_{red} = +0{,}15\ V$
$Cu^{2+} + 2e^- \rightleftharpoons Cu$	$E^0_{red} = +0{,}34\ V$
$Fe^{3+} + 1e^- \rightleftharpoons Fe^{2+}$	$E^0_{red} = +0{,}77\ V$
$Ag^{4+} + 1e^- \rightleftharpoons Ag$	$E^0_{red} = +0{,}80\ V$
$Hg^{2+} + 2e^- \rightleftharpoons Hg$	$E^0_{red} = +0{,}85\ V$
$Au^{3+} + 2e^- \rightleftharpoons Au^+$	$E^0_{red} = +1{,}41\ V$
$Au^{3+} + 3e^- \rightleftharpoons Au$	$E^0_{red} = +1{,}50\ V$
$Co^{3+} + 1e^- \rightleftharpoons Co^{2+}$	$E^0_{red} = +1{,}84\ V$

Fonte: Elaborado com base em Atkins; Jones, 2011.

Para indicar o potencial-padrão de um sistema, é adotado o símbolo E^0; a diferença de potencial de uma pilha nessas condições é representada por ΔE^0. A International Union of Pure and Applied Chemistry (Iupac) recomenda a utilização dos potenciais de redução dos eletrodos em vez dos potenciais de oxidação; assim, o ΔE^0 de uma pilha pode ser calculado pela expressão:

$$\Delta E^0 = E^0_{red\,(maior)} - E^0_{red\,(menor)}$$

O potencial-padrão de redução do zinco é –0,76 V, e o potencial de redução do cobre é +0,34 V. Para calcular o potencial da pilha de Daniell, o valor da ddp dessa pilha, procede-se da seguinte forma:

$$Zn^{2+}_{(aq)} + 2\,e^- \rightleftharpoons Zn_{(s)} \qquad E_{red} = -0{,}76\ V$$

$$Cu^{2+}_{(aq)} + 2\,e^- \rightleftharpoons Cu_{(s)} \qquad E_{red} = +0{,}34\ V$$

$$\mathbf{\Delta E^0 = E^0_{red\,(maior)} - E^0_{red\,(menor)}}$$

$$\Delta E^0 = E^{2+}_{red\,Cu} - E^{2+}_{red\,Zn}$$

$$\Delta E^0 = +0{,}34 - (-0{,}76)$$

$$\Delta E^0 = +1{,}10\ V \text{ (valor apontado no voltímetro)}$$

Os valores dos potenciais de redução e de oxidação de uma espécie são numericamente iguais, apenas com o sinal oposto. Por exemplo, o potencial-padrão de redução do cobre é +0,34 V; portanto, seu potencial de oxidação é igual a –0,34 V. Assim, o ΔE^0 de uma pilha é proporcional ao potencial de redução do cátodo e ao potencial de oxidação do ânodo.

Na comparação entre a pilha de Daniell e a pilha de cobre e prata, o ΔE^0 da primeira é maior, pois a diferença de potencial entre os eletrodos de zinco e cobre é maior (1,10 V) do que os eletrodos de cobre e prata (0,46 V):

$$Ag^+_{(aq)} + e^- \rightleftharpoons Ag_{(s)} \qquad E_{red} = +0,80 \text{ V}$$

$$Cu^{2+}_{(aq)} + 2\,e^- \rightleftharpoons Cu_{(s)} \qquad E_{red} = +0,34 \text{ V}$$

$$\Delta E^0 = E^0_{red\,(maior)} - E^0_{red\,(menor)}$$

$$\Delta E^0 = E^+_{red\,Ag} - E^{2+}_{red\,Cu}$$

$$\Delta E^0 = +0,80 - 0,34$$

$$\Delta E^0 = +0,46 \text{ V}$$

Exercício resolvido

1. Sejam as seguintes semirreações e seus potenciais-padrão de redução. Determine a ddp da pilha formada pelos eletrodos de estanho e prata:

   $Sn^{+2} + 2e^- \rightarrow Sn^0 \quad E^0 = -0,14 \text{ V}$
   $Ag^{+1} + 1e^- \rightarrow Ag^0 \quad E^0 = +0,80 \text{ V}$

   Resolução

$Sn^0 \rightleftharpoons Sn^{+2} + 2e^-$	$E^0 = +0,14 \text{ V}$
$2Ag^{+1} + 2e^- \rightleftharpoons 2Ag^0$	$E^0 = +0,80 \text{ V}$
$Sn^0 + 2Ag^0 \quad Sn^{+2} + 2Ag^0$	$\Delta E^0 = +0,94 \text{ V}$

   Resposta

   $\Delta E^0 = +0,94 \text{ V}$

O processo não espontâneo da reação redox é a **eletrólise**, em que se emprega a corrente elétrica para promover a reação. Esse processo também é conhecido como *galvanoplastia* e é usado para recobrir material de acabamento para construção civil, carros esportivos e motos, ferramentas, entre outras aplicações. Algumas de suas vantagens são maior resistência, proteção à corrosão, aumento da dureza superficial e resistência à temperatura dos materiais. O processo pode receber um nome específico, conforme o material empregado:

- **niquelação**: recobrimento de um objeto com níquel;
- **cobreação**: recobrimento de um objeto com cobre;
- **cromação**: recobrimento de um objeto com cromo.

O processo de ferrugem ocorre quando o ferro metálico (Fe) se oxida e forma o íon ferro (Fe^{2+}) na presença do oxigênio do ar e da água. A ferrugem deteriora a superfície do material, gerando enormes prejuízos econômicos e ambientais. O ferro e a maioria dos metais, com exceção do ouro e da platina, apresentam menor potencial de redução do que o oxigênio e, por isso, esses metais tendem a se oxidar:

$$Fe_{(s)} \rightarrow Fe^{2+} + 2\ e^{-} \qquad E^{0}_{redução} = -0{,}44\ V$$

$$\tfrac{1}{2}O_2 + H_2O + 2\ e^{-} \rightarrow 2OH^{-} \qquad E^{0}_{redução} = +0{,}40\ V$$

O potencial de redução do ferro é bem menor do que o do oxigênio e da água; logo, quando em contato com o ar úmido, forma-se uma espécie de pilha em que o oxigênio age como cátodo ou polo positivo, em um processo de redução com ganho de elétrons. O ferro perde elétrons, sofre processo de oxidação e age como ânodo ou polo negativo:

Ânodo $2Fe_{(s)} \rightarrow 2Fe^{2+} + 4\ e^-$

Cátodo $O_2 + 2H_2O + 4\ e^- \rightarrow 4OH^-$

Reação global $2Fe + O_2 + 2H_2O \rightarrow 2Fe(OH)_2$

Em razão da presença do oxigênio, o hidróxido de ferro II [Fe(OH)$_2$] é oxidado a hidróxido de ferro III [Fe(OH)$_3$], perde uma molécula de água e forma o óxido de ferro III monoidratado (Fe$_2$O$_3 \cdot$ H$_2$O), que tem cor castanho-avermelhada, característica da ferrugem:

$$4Fe(OH)_2 + O_2 + 2H_2O \rightarrow 4Fe(OH)_3$$

$$2Fe(OH)_3 \rightarrow Fe_2O_3 \cdot H_2O + 2H_2O$$

A galvanização é um processo de revestimento de uma peça de ferro com zinco para protegê-la. A camada de zinco ajuda a retardar a oxidação do ferro, já que evita que a peça tenha contato com o oxigênio do ar e da água.

O zinco se oxida preferencialmente e impede a oxidação do ferro. Isso ocorre porque seu potencial de redução é menor do que o do ferro; ele reduz o cátion Fe^{2+} a ferro metálico novamente:

$$Zn_{(s)} \rightarrow Zn^{2+} + 2e$$

$$Fe^{2+} + 2e^- \rightarrow Fe_{(s)}$$

$$Zn_{(s)} + Fe^{2+} \rightarrow Zn^{2+} + Fe_{(s)}$$

Em contato com o oxigênio do ar e da água, o zinco produz o óxido de zinco, que se deposita sobre o ferro que estava exposto e novamente protege o ferro do processo de corrosão:

Ânodo $\quad 2Zn_{(s)} \rightarrow 2Zn^{2+} + 4\ e^-$

Cátodo $\quad O_2 + 2H_2O + 4\ e^- \rightarrow 4OH^-$

Reação global $\quad 2Zn + O_2 + 2H_2O \rightarrow 2Zn(OH)_2$

6.5 Equação química

A forma encontrada para demonstrar graficamente os fenômenos químicos é representada por uma equação química na qual, em uma reação química, as substâncias iniciais são chamadas de *reagentes*, e as novas substâncias que se formam são designadas *produtos de reação*. Os elementos que ficam à esquerda da seta, os reagentes, participam das reações químicas, e aqueles que estão à direita, os produtos, são as substâncias formadas nessa reação:

Reagentes		**Produtos**
A + B	$\rightleftharpoons$	C + D

A seta com duplo sentido indica que a reação pode também ocorrer no sentindo contrário. Outros símbolos são utilizados nas equações para indicar algumas condições. Consulte o quadro a seguir.

Quadro 6.2 – Simbologia utilizada nas equações químicas

Símbolo	Significado
+	Junção entre reagentes
→	Sentido em que ocorre a reação química
⇌	Reação reversível
Δ	Presença de catalisadores ou aquecimento
↓	Formação de precipitado sólido
↗	Desprendimento de gás
λ	Presença de luz
(g)	Substância no estado gasoso
(s)	Substância no estado sólido
(v)	Substância no estado de vapor
(l)	Substância no estado líquido
(aq)	Solução aquosa

Fonte: Elaborado com base em Atkins; Jones, 2011.

Uma equação química contém as informações sobre uma reação, como as proporções das substâncias participantes, indicadas pelo coeficiente estequiométrico, isto é, o número que antecede a fórmula do composto. Esse coeficiente pode ser ajustado por meio de balanceamento ou estequiometria. O balanceamento de uma equação química deve apresentar quantidade equivalente de átomos nos reagentes e nos produtos, pois os átomos não podem ser criados ou destruídos; os reagentes se transformam em novas substâncias, e a quantidade de átomos se mantém.

A equação seguinte não está balanceada. Observe que, nos reagentes, a molécula do gás hidrogênio é formada por dois átomos de hidrogênio; o mesmo se aplica ao gás oxigênio. Entretanto, no produto formado, a molécula tem dois átomos de hidrogênio e apenas um de oxigênio, ou seja, a quantidade de átomos não é a mesma nos reagentes e produtos, sendo necessário fazer o balanceamento:

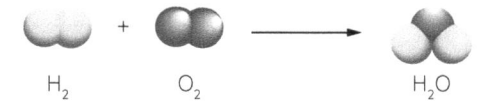

$$H_2 + O_2 \longrightarrow H_2O$$

Para balancear uma equação, são usados coeficientes estequiométricos que indicam a quantidade de cada componente da reação. O coeficiente igual a 1 não se escreve, fica oculto, não sendo representado. Logo, para balancear a equação anterior, é preciso incluir o número 2 diante da molécula de hidrogênio e o da molécula de água. Assim, são obtidas duas moléculas de hidrogênio que reagem com uma molécula de oxigênio, formando duas moléculas de água:

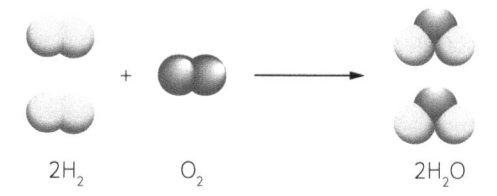

$$2H_2 + O_2 \longrightarrow 2H_2O$$

Exercício resolvido

1. Faça o balanceamento das seguintes equações químicas:
   a) $Al_2O_3 + HCl \to AlCl_3 + H_2O$
   b) $SO_2 + NaOH \to Na_2SO_3 + H_2O$
   c) $BaO_4 + HNO_3 \to Ba(NO_3)_2 + H_2O_2 + O_2$

   Resolução
   a) $Al_2O_3 +$ **6** $HCl \to$ **2** $AlCl_3 +$ **3** H_2O
   b) $SO_2 +$ **2** $NaOH \to Na_2SO_3 + H_2O$
   c) $BaO_4 +$ **2** $HNO_3 \to Ba(NO_3)_2 + H_2O_2 + O_2$

6.6 Número de mol e massa molar

Mol é a quantidade de matéria de um sistema que contém tantas entidades elementares quanto são os átomos contidos em 0,012 kg, isto é, a massa de 1/12 do átomo de carbono-12. Assim, 1 mol de qualquer substância tem uma quantidade de átomos que, se "pesada" em gramas, apresenta o mesmo número da massa atômica.

A palavra *molar* deriva de molécula, que é o conjunto de átomos unidos por meio das ligações químicas. A massa molar corresponde à massa molecular de uma substância, expressa em gramas. A massa de uma molécula é calculada pela soma das massas atômicas dos átomos que formam essa molécula, e seu resultado é designado *massa molar*.

Para a molécula da água, H_2O, a massa molecular é a soma da massa atômica de cada um dos átomos que a constituem. A massa atômica do hidrogênio é 1 u (unidade por massa atômica) e do oxigênio é 16 u. Deve-se levar em consideração a quantidade de átomos presente na molécula (2H + 1O); logo a massa molecular da água é:

$$H_2O = (2 \cdot 1) + (1 \cdot 16) = 18 \text{ u}$$

Assim, na água, a massa molecular é igual a 18 u. A massa molar é calculada por unidade em gramas, em vez da unidade em massa atômica; portanto, a massa molar da água é 18 g/mol.

O número de mol e a massa molar estão relacionados à constante de Avogadro, que tem o valor de $6,02 \cdot 10^{23}$ moléculas. Logo, a massa molar é igual à massa de $6,02 \cdot 10^{23}$ entidades químicas expressas em g/mol. Então, em cada 18 g/mol de água, por exemplo, há $6,02 \cdot 10^{23}$ moléculas ou 1 mol de moléculas de água. A diferença entre a massa molecular e a massa molar é apenas a unidade, porém esta última está relacionada com o número de mol, dado pela constante de Avogadro:

1 mol	contém	$6,02 \cdot 10^{23}$ entidades
1 mol de átomos	contém	$6,02 \cdot 10^{23}$ átomos
1 mol de moléculas	contém	$6,02 \cdot 10^{23}$ moléculas
1 mol de fórmulas	contém	$6,02 \cdot 10^{23}$ fórmulas
1 mol de íons	contém	$6,02 \cdot 10^{23}$ íons
1 mol de elétrons	contém	$6,02 \cdot 10^{23}$ elétrons

Assim:

- **elemento químico**: 1 mol ou 63,5 gramas de cobre, que é a massa atômica em gramas, é igual a 6,02 · 10^{23} átomos de cobre;
- **substância molecular simples**: 1 mol de O_2 tem 6,02 · 10^{23} moléculas;
- **substância molecular composta**: 1 mol de CO_2 tem 6,02 · 10^{23} moléculas ou 1 mol de CO_2 ocupa 22,4 L, que corresponde ao espaço ocupado por 6,02 · 10^{23} moléculas de CO_2;
- **substância composta iônica**: 1 mol de NaCl tem 6,02 · 10^{23} íons.

Com base no número de mol, é possível obter diversas informações referentes a uma matéria, independentemente de seu estado físico ou constituição. No entanto, sem o número de mol, pode-se calcular dividindo a massa (m) da matéria por sua massa molar (M):

$$n = \frac{m}{M}$$

A massa molar é determinada pela multiplicação da quantidade de átomos do elemento por sua massa atômica. Somam-se os resultados encontrados, e a unidade é expressa em g/mol. Assim, quando se conhece massa, número de entidades (átomos, moléculas, prótons ou elétrons, volume etc.), é possível determinar o número de mol, sempre aplicando a seguinte relação:

1 mol > 6,02 · 10^{23} entidades elementares > massa molar > volume molar (22,4 L)

Exercício resolvido

1. Calcule o número de mol existente em 160 g de hidróxido de sódio (NaOH).

   Dados: Na = 23; O = 16; H = 1

   Resolução

   Primeiramente, é preciso calcular a massa molar. Para tanto, multiplica-se a quantidade de átomos do elemento por sua massa atômica:

   $M = (1 \cdot 23) + (1 \cdot 16) + (1 \cdot 1)$

   $M = 23 + 16 + 1$

   $M = 40$ g/mol

   Como o exercício forneceu a massa de 160 g, o número de mol pela fórmula é:

   $n = \dfrac{}{M}$

   $n = \dfrac{160}{40}$

   $n = 4$ mols de NaOH

6.7 Cálculos químicos

Para calcular as quantidades de reagentes e produtos envolvidos, recorre-se à equação química balanceada da reação química, e assim encontrar as relações quantitativas entre as espécies. Os cálculos estequiométricos podem relacionar as substâncias em:

- quantidade de matéria (mol);
- números de partículas, moléculas ou fórmulas unitárias;
- massas;
- volumes de gases.

Observe um exemplo de cálculo estequiométrico no qual se relacionam as substâncias envolvidas em uma reação química em quantidade de matéria e número de moléculas. Para fazer esse cálculo, seguem-se estas etapas:

1. Escrever a equação da reação química.
2. Fazer o balanceamento estequiométrico da equação.
3. Colocar em evidência a substância-problema e a substância que teve os dados fornecidos.
4. Montar uma relação em mol com o balanceamento.
5. Transformar o mol nas unidades do problema com as relações numéricas: 1 mol = MM = 22,4 L = 6,02 · 10^{23} entidades.
6. Estabelecer relação quantitativa entre essas duas substâncias com base em seus coeficientes estequiométricos.
7. Montar uma regra de três com o dado fornecido e a pergunta do problema.

Por exemplo, se 5 mol de álcool etílico (C_2H_6O) entram em combustão e reagem com o gás oxigênio (O_2), quantas moléculas de O_2 serão consumidas nessa reação?

O primeiro passo é balancear a equação química e verificar a relação de mol entre as espécies:

Equação química balanceada	$1C_2O_6H_{(l)}$ +	$3O_{2(g)}$ →	$2CO_{2(g)}$ +	$3H_2O_{(v)}$
	↓	↓	↓	↓
Proporção estequiométrica	1 mol	3 mol	2 mol	3 mol

Portanto, 1 mol de $C_2H_6O_{(l)}$ reage com 3 mol de $O_{2(g)}$. Qual será a proporção em mol de oxigênio para a combustão de 5 mol de $C_2H_6O_{(l)}$?

1 mol de $C_2O_6H_{(l)}$ — 3 mol de $O_{2(g)}$

5 mol de $C_2O_6H_{(l)}$ — x

x = 15 mol de $O_{2(g)}$

Para calcular a quantidade de matéria, aplica-se a relação *1 mol contém 6,02 · 10^{23} entidades*, por meio da constante de Avogadro:

1 mol — 6,02 · 10^{23} moléculas

15 mol — x

X = 90 · 10^{23} moléculas de $O_{2(g)}$

Quando a relação de gases não está nas condições normais de temperatura e pressão (CNTP), em que a pressão é 1 atm e a temperatura é de 25 °C, o volume ocupado por 1 mol de qualquer gás sempre é de 22,4 L. Esse valor corresponde ao volume molar dos gases expresso na equação de Clapeyron, que descreve o comportamento de um gás ideal:

$$P \cdot V = n \cdot R \cdot T$$

Em que:

P = pressão gerada pelo gás nas paredes do recipiente

V = volume ocupado pelo gás, expresso em litros ou metros cúbicos

n = número de mol (quantidade de matéria do gás)

R = constante geral dos gases proposta por Clapeyron (depende da unidade da pressão utilizada: 0,082 atm; 62,3 mmHg; 8,31 KPa)

T = temperatura à qual o gás é submetido, em kelvin

Exercício resolvido

1. Um recipiente de 24,6 L contém 1,0 mol de nitrogênio exercendo a pressão de 1,5 atm. Nessas condições, qual é a temperatura do gás?

   Resolução

   T = ?

   n = 1 mol

   R = 0,082 atm · L · mol^{-1} · K^{-1}

   Volume = 24,6 L

   P = 1,5 atm

   Usa-se a equação de Clapeyron para determinar a temperatura:

$$P \cdot V = n \cdot R \cdot T$$

$$1{,}5 \cdot 24{,}6 = 1 \cdot 0{,}082 \cdot T$$

$$36{,}9 = 0{,}082 \cdot T$$

$$36{,}9/T = 0{,}082$$

$$T = 450 \text{ K}$$

6.8 Reagente limitante e reagente em excesso

Em uma reação química, supõe-se que todas as moléculas dos reagentes formaram produtos, conforme expresso na equação química, mas isso nem sempre acontece. Um conjunto de fatores pode interferir no desenvolvimento de uma reação, como pureza dos reagentes, reações paralelas, variações das condições reacionais etc. Todos esses fatores devem ser levados em consideração para que a máxima quantidade de reagentes seja consumida. No entanto, na prática usa-se em excesso um dos reagentes enquanto o outro reagente será o limitante, a fim de garantir o máximo possível de formação dos produtos.

O **reagente limitante** é o que determina o máximo de rendimento do produto, pois, depois de ter sido totalmente consumido, a reação acaba, não importando se ainda existe alguma quantidade do outro reagente.

Como o **reagente em excesso** está em uma quantidade maior do que a necessária estabelecida pela proporção estequiométrica, sobra no final da reação.

Para descobrir quais são os reagentes limitantes e em excesso, seguem-se estas etapas:

1. Calcular a quantidade de cada reagente em mol e converter a massa em quantidade de matéria utilizando massa molar.
2. Com a reação balanceada, calcular a quantidade teórica dos reagentes da reação.
3. Verificar qual dos reagentes está presente em quantidades maiores do que o necessário. Esse será o reagente em excesso, e o outro será o reagente limitante.

Por exemplo, qual seria a massa de gás carbônico liberado e o excesso de reagente durante a combustão de 138 g de etanol (C_2H_6O) com 320 g de gás oxigênio (O_2) nas CNTP?

O primeiro passo é balancear a equação e relacionar a quantidade de mol dos reagentes e produtos:

$1C_2O_6H_{(l)}$ +	$3O_{2(g)}$ →	$2CO_{2(g)}$ +	$3H_2O_{(v)}$
↓	↓	↓	↓
1 mol	3 mol	2 mol	3 mol
46 g	96 g	88 g	
138 g	320 g		

Ao analisar os dados, constata-se que a massa do gás oxigênio é proporcionalmente maior do que a de álcool. Logo, o oxigênio é o reagente em excesso e o etanol é o reagente limitante.

Calculando a massa de gás carbônico formada pela quantidade de reagente limitante, obtém-se:

$$46 \text{ g de } C_2O_6H_{(l)} \quad - \quad 88 \text{ g de } CO_{2(g)}$$
$$138 \text{ g de } C_2O_6H_{(l)} \quad - \quad x$$

$$x = 264 \text{ g de } CO_{2(g)}$$

A massa de oxigênio em excesso também pode ser determinada:

$$46 \text{ g de } C_2O_6H_{(l)} \;—\; 96 \text{ g de } O_{2(g)}$$
$$138 \text{ g de } C_2O_6H_{(l)} \;—\; x$$

x = 288 g de $O_{2(g)}$

A massa de gás oxigênio em excesso é a diferença da massa que foi colocada para reagir e a que efetivamente reagiu:

$$320 \text{ g} - 288 \text{ g} = \mathbf{32 \text{ g}}$$

A **lei ponderal de Proust**, determinada pela **lei das proporções constantes**, enuncia que as reações ocorrem em proporções fixas e definidas. Portanto, para a combustão do álcool etílico, a proporção é de 1 mol de álcool etílico (C_2H_6O) para 3 mol de gás oxigênio (O_2). Proporções diferentes para essa reação indicam que há um reagente em excesso e um reagente limitante.

Exercícios resolvidos

1. (UFF – RJ) Amônia gasosa pode ser preparada pela seguinte reação balanceada:

$$CaO_{(s)} + NH_4Cl_{(s)} \rightarrow NH_{3(g)} + H_2O_{(g)} + CaCl_{2(s)}$$

Se 112,0 g de óxido de cálcio e 224,0 g de cloreto de amônia forem misturados, então a quantidade máxima, em gramas, de amônia produzida será, aproximadamente:

Dados: massas moleculares

CaO = 56 g/mol

NH_4Cl = 53 g/mol

NH3 = 17 g /mol

a) 68,0.
b) 34,0.
c) 71,0.
d) 36,0.
e) 32,0.

Resposta correta: a

Resolução

Equação balanceada:

1 CaO + **2** NH_4Cl → **2** NH_3 + H_2O + $CaCl_2$

CaO	+ **2** NH_4Cl	→ **2** NH_3	+ H_2O	+ $CaCl_2$
1 mol	2 mol	2 mol		
56 g	2 · 53,5 g	2 · 17g		
112 g	x	y		

x = 214 g NH_4Cl – reagente em excesso
y = 68 g de NH_3

2. Um método de obtenção de $H_{2(g)}$ em laboratório se baseia na reação de alumínio metálico com solução aquosa de hidróxido de sódio.

   a) Escreva a equação balanceada dessa reação sabendo que o hidrogênio provém da redução da água e que o alumínio, em sua oxidação, forma a espécie aluminato $Al(OH)^-$.

   b) Para se obter H_2, foram usados 0,10 mol de alumínio e 100 mL de uma solução aquosa de NaOH, de densidade 1,08 g/mL e porcentagem em massa (título) de 8%. Qual dos reagentes, Al ou NaOH, é o reagente limitante na obtenção do H_2? Justifique calculando a quantidade, em mol, de NaOH usada.

   Dado: massa molar do NaOH = 40 g/mol

   Resolução

   a) $2\,Al_{(s)} + 2\,NaOH_{(aq)} + 6\,H_2O_{(l)} \rightarrow 2\,NaAl(OH)_{4\,(aq)}^- + 3\,H_{2(g)}$

   b) $d = m/v$

   $1,08 = m/100$

   M = 108 g de solução

   108g – 100%

   x – 8%

   x = 8,64 g de NaOH

   n = m/M

   n = 8,64/40

   n = 0,216 mol de NaOH

   O reagente limitante é o Al, que não se encontra em excesso, pois 0,10 mol de Al reage com 0,10 mol de NaOH.

6.9 Rendimento de reações

No início de toda reação, a quantidade de reagentes é igual a 100%. No decorrer do tempo, esse valor vai diminuindo até que todos os reagentes sejam consumidos, ou seja, a concentração dos reagentes vai se reduzindo até que aconteça a conversão em produto. Contudo, em razão de vários fatores já citados, como pureza dos reagentes, reações paralelas, entre outros, o rendimento de uma reação nunca é 100%, ou seja, a quantidade de produto obtida é menor do que a quantidade teórica.

Entretanto, pode-se calcular o rendimento real de uma reação por meio da relação entre quantidade, massa ou volume, real e teórico, dos produtos da reação:

$$n = \frac{\text{quantidade real}}{\text{quantidade teórica}} \cdot 100$$

ou

quantidade teórica — 100%

quantidade real — x

Eis um exemplo: qual seria o rendimento de uma reação sabendo-se que 42 g de N_2 formam 35,7 g de NH_3?

O primeiro passo é ter a equação química balanceada e fazer a relação em mol de cada uma das espécies:

$1N_2$ + $\qquad$ $3H_2$ → $\qquad$ $2NH_3$
↓ $\qquad\qquad\qquad\qquad\qquad\qquad$ ↓
1 mol $\qquad\qquad\qquad\qquad\qquad$ 2 mol
(42/28) = 1,5 mol $\qquad\qquad\qquad$ x

x = 3 mol de NH_3 (quantidade teórica)

Então, é possível calcular o rendimento da reação com base nos dados informados no problema: foram formados 35,7 g de NH_3 a partir de 42 g de N_2. Vejamos:

$1N_2$ + $\quad\quad\quad$ $3H_2 \rightarrow$ $\quad\quad\quad$ $2NH_3$

Quantidade real	Quantidade teórica
n = 35,7/17 = 2,1 mol	n = 3 mol

$$n = (2,1/3) \cdot 100 = 70\%$$

O grau de pureza dos reagentes pode influenciar diretamente o rendimento de uma reação, razão por que é tão importante determinar a pureza dos reagentes ou a porcentagem de impureza:

$$n = \frac{\text{massa pura}}{\text{massa da amostra}} \cdot 100$$

ou

massa amostra — 100%

massa pura — x

Exercícios resolvidos

1. (Osec – SP) A massa de 28 g de ferro impuro, atacada por ácido clorídrico em excesso, produziu 8,96 litros de hidrogênio, nas CNTP. Sendo as massas atômicas Fe = 56, H = 1 e Cl = 35,5, pode-se dizer que o teor de ferro no material atacado era de:
   a) 20%.
   b) 45%.
   c) 89,6%.
   d) 50%.
   e) 80%.

Resposta correta: e

Resolução

Fe + 2HCl → FeCl$_2$ + H$_2$

1 mol   1 mol

56 g   22,4 L

x   8,96 L

x = 22,4 g

28 g – 100%

22,4 g – y

y = 80%

2. Utilizando-se 20,4 g de Al$_2$O$_3$, qual será a massa de alumínio metálico obtida se o rendimento da reação for 60%?

   Dados: Al = 27; O = 16

   Al$_2$O$_3$ + C → CO$_2$ + Al

   Resolução

   Equação balanceada:

   2Al$_2$O$_3$ + 3 C → 3CO$_2$ + 4 Al

   2 · 102 g   —   4 · 27 g

      20,4 g   —   x

x = 10,8 g de Al

10,8 g — 100% (rendimento)

y — 60%

y = 6,48 g de Al

Síntese

Neste último capítulo, tratamos de conceitos fundamentais sobre reações químicas:

- Transformações físicas: ocorrem sem formação de novas substâncias.
- Transformações químicas: acontecem com formação de novas substâncias.
- Lei de Lavoisier ou lei da conservação das massas: nada se perde, tudo se transforma.
- Reações químicas podem ocorrer por ação da luz, ação mecânica, ação de corrente elétrica ou junção de substâncias.
- Classificação das reações químicas:
  - simples troca: apenas uma troca entre as substâncias;
  - dupla-troca: duas trocas entre as substâncias;
  - síntese ou adição: duas substâncias formam apenas uma;
  - análise ou decomposição: uma substância forma duas ou mais substâncias.
- Reação de neutralização: ácido + base → sal + água.
- Reação de oxirredução: transferência de elétrons.

- Oxidação: perde elétrons, aumenta nox.
- Redução: ganha elétrons, diminui nox.
- Número de mol: quantidade de matéria de um sistema.
- Mol: número de Avogadro = $6{,}02 \cdot 10^{23}$.
- Massa molar: soma das massas atômicas dos átomos que formam uma molécula.
- Cálculos químicos: quantidade de reagentes e produtos envolvidos na reação balanceada.
- 1 mol > $6{,}02 \cdot 10^{23}$ entidades elementares > massa molar > volume molar (22,4 L).

Atividades de autoavaliação

1. Classifique e associe as reações:
    a) Síntese
    b) Decomposição
    c) Dupla-troca
    d) Simples troca
    ( ) $NH_{3(g)} + HCl_{(g)} \rightarrow NH_4Cl_{(l)}$
    ( ) $2H_2O_2 \rightarrow 2H_2O_{(l)} + O_{2(g)}$
    ( ) $NaOH_{(aq)} + HCl_{(aq)} \rightarrow NaCl_{(aq)} + H_2O$
    ( ) $Zn_{(s)} + H_2SO_{4(aq)} \rightarrow ZnSO_{4(aq)} + H_{2(g)}$
    ( ) $CaO_{(s)} + H_2O_{(l)} \rightarrow Ca(OH)_{2(aq)}$
    ( ) $Mg + O_2 \rightarrow MgO$
    ( ) $Fe + HCl \rightarrow FeCl_2 + H_2$
    ( ) $P_2O_5 + H_2O \rightarrow H_3PO_4$
    ( ) $Cu(OH)_2 \rightarrow CuO + H_2O$
    ( ) $AgBr \rightarrow Ag + Br_2$
    ( ) $Zn + Pb(NO_3)_2 \rightarrow Zn(NO_3)_2 + Pb$

2. A fila de reatividade dos metais mais comuns é:

Figura A – Reatividade dos metais mais comuns

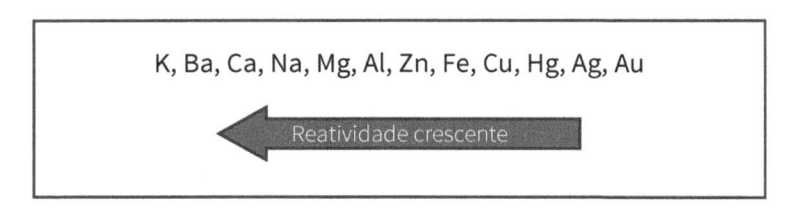

K, Ba, Ca, Na, Mg, Al, Zn, Fe, Cu, Hg, Ag, Au

← Reatividade crescente

Com base na imagem anterior, assinale a alternativa que contém uma reação química que não ocorre:
a) $Mg + CuBr_2 \rightarrow Cu + MgBr_2$
b) $Ca + FeSO_4 \rightarrow Fe + CaSO_4$
c) $Hg + ZnCl_2 \rightarrow Zn + HgCl_2$
d) $Cu + 2AgCl \rightarrow 2Ag + CuCl_2$
e) $Cl_2 + 2KI \rightarrow 2KCl + I_2$

3. Foram adicionados 10 mL de $HCl_{(aq)}$ em quatro tubos de ensaio com, respectivamente, Zn, Mg, Cu e Ag:

Figura B – Experimentos para verificar quais metais reagem com ácido clorídrico

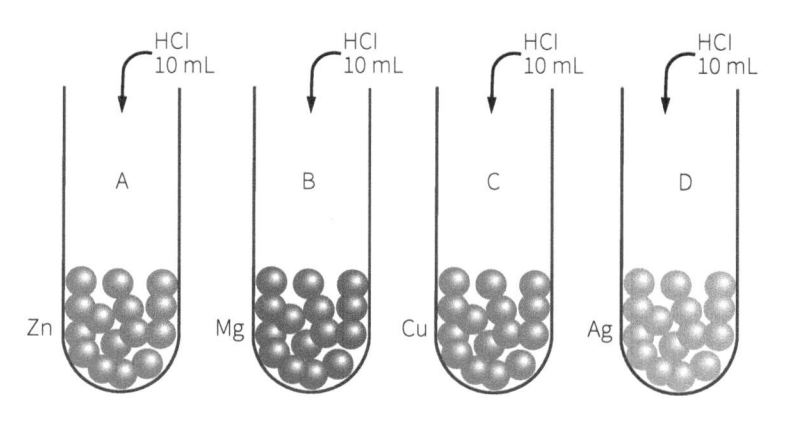

É correto afirmar que ocorre reação:
a) somente nos tubos A, B e C.
b) nos tubos A, B, C e D.
c) somente nos tubos C e D.
d) somente no tubo A.
e) somente nos tubos A e B.

4. Hidreto de sódio reage com água, dando hidrogênio, segundo a reação:

$$NaH + H_2O \rightarrow NaOH + H_2$$

Para se obter 10 mol de H_2, são necessários quantos mol de água?
a) 40 mol.
b) 20 mol.
c) 10 mol.
d) 15 mol.
e) 2 mol.

5. No motor de um carro a álcool, o vapor do combustível é misturado com o ar e se queima à custa de faísca elétrica produzida pela vela no interior do cilindro. A quantidade, em mol, de água formada na combustão completa de 138 g de etanol é igual a:

Dados: massa molar em g/mol: H = 1, C = 12, O = 16
a) 1.
b) 3.
c) 6.
d) 9.
e) 10.

6. Conhecida a reação de obtenção da amônia, a seguir equacionada, o volume de gás hidrogênio necessário para a obtenção de 6 L de NH_3 é igual a:

$$H_{2(g)} + N_{2(g)} \rightarrow NH_{3(g)}$$

Dados: P e T constantes

a) 6 L.
b) 12 L.
c) 9 L.
d) 3 L.
e) 1 L.

7. Em um recipiente, são colocados para reagir 40 g de ácido sulfúrico (H_2SO_4) com 40 g de hidróxido de sódio (NaOH). Sabe-se que um dos reagentes está em excesso. Depois de a reação se completar, permanecerão sem reagir:

Dados: H = 1 ; O = 16 ; Na = 23 ; S = 32

a) 32,6 g de NaOH.
b) 9,0 g de H_2SO_4.
c) 7,4 g de NaOH.
d) 18,1 g de H_2SO_4.
e) 16,3 g de NaOH.

8. Se a proporção de gás oxigênio no ar é de 20% (% em volume), então o volume de ar, em litros, medido nas CNTP, necessário para que ocorra a oxidação de 5,6 g de ferro é de:

Dado: massa molar do Fe = 56 g/mol

$Fe + O_2 \rightarrow Fe_2O_3$

a) 0,28.
b) 8,40.

c) 0,3.
d) 1,68.
e) 3,36.

9. A massa de 28 g de ferro impuro, atacada por ácido clorídrico em excesso, produziu 8,96 L de hidrogênio. Nas CNTP, é correto afirmar que o teor de ferro no material atacado era de:

Dados: Fe = 56, H = 1 e Cl = 35,5

a) 20%.
b) 45%.
c) 90%.
d) 50%.
e) 80%.

10. Uma indústria queima diariamente 1.200 kg de carvão (carbono) com 90% de pureza. Supondo que a queima fosse completa, o volume de oxigênio consumido para essa queima, nas CNTP, seria de:

Dados: C = 12; volume molar nas CNTP = 22,4 L/mol

a) 22.800 L.
b) 22.800 m^3.
c) 24.200 L.
d) 24.200 m^3.
e) 2.016 m^3.

Atividades de aprendizagem
Questões para reflexão

1. Amônia gasosa pode ser preparada pela seguinte reação balanceada:

   $CaO_{(s)} + 2NH_4Cl_{(s)} \rightarrow 2NH_{3(g)} + H_2O_{(g)} + CaCl_{2(s)}$

   Se 112 g de óxido de cálcio e 224 g de cloreto de amônia forem misturados, qual será a quantidade máxima, em gramas, de amônia produzida?

   Dados:

   Massas moleculares:

   CaO = 56 g/mol

   NH_4Cl = 53 g/mol

   NH_3 = 17 g/mol

2. O inseticida DDT (massa molar = 354,5 g/mol) é fabricado a partir de clorobenzeno (massa molar = 112,5 g/mol) e cloral, de acordo com a equação:

   $$2C_6H_5Cl + C_2HCl_3O \rightarrow C_{14}H_9Cl_5 + H_2O$$
   clorobenzeno   cloral   DDT

   Partindo-se de uma tonelada (1 t) de clorobenzeno e admitindo-se rendimento de 80%, qual será a massa de DDT produzida?

Atividades aplicadas: prática

1. O superfosfato simples ($Ca(H_2PO_4)_2$) e o sulfato de cálcio ($CaSO_4$) são utilizados como adubo. O fertilizante químico superfosfato simples é fonte de fósforo (P), cálcio (Ca) e enxofre (S) para a nutrição das plantas. A equação seguinte mostra como ele é obtido industrialmente a partir da rocha fosfática natural (apatita, $Ca_3(PO_4)_2$) com H_2SO_4:

   $Ca_3(PO_4)_2 + H_2SO_4 \rightarrow Ca(H_2PO_4)_2 + CaSO_4$

   Calcule a massa de H_2SO_4 necessária para converter 1 t de rocha fosfática em superfosfato simples.

   Dados: Ca = 40; P = 31; O = 16; S = 32; H = 1

Considerações finais

Nesta obra, expusemos os conceitos basilares de química geral. Em cada capítulo, demonstramos a evolução das teorias aplicadas e as leis fundamentais que regem a química.

E por que estudar tudo isso? Porque a química está presente em tudo: no desenvolvimento de novas tecnologias, novos materiais e no aprimoramento dos processos industriais. Além disso, seus avanços têm potencial de melhorar nossa qualidade de vida, pois têm reflexos no aumento da expectativa de vida da população, por exemplo.

Aprender química não é somente decorar fórmulas e conceitos, mas correlacionar e aprofundar o conhecimento, essencial também para todos os profissionais que atuam nas áreas correlatas. Por isso, esperamos que este livro tenha sido para você, leitor(a), apenas o primeiro passo do processo de experimentação e exploração do fantástico mundo da química.

Referências

ATKINS, P.; JONES, L. **Princípios de química**: questionando a vida moderna e o meio ambiente 5. ed. Porto Alegre: Bookman, 2011.

COLLINS, C. H.; BRAGA, G. L.; BONATO, P. S. **Fundamentos de cromatografia**. Campinas: Ed. da Unicamp, 2006.

LACERDA, C. de C.; CAMPOS, A. F.; MARCELINO-JR., C. de A. C. Abordagem dos conceitos mistura, substância simples, substância composta e elemento químico numa perspectiva de ensino por situação-problema. **Química Nova na Escola**, v. 34, n. 2, p. 75-82, maio 2012.

LEHNINGER, A. L.; NELSON, D. L.; COX, M. M. **Princípios de bioquímica**. 6. ed. São Paulo: Artmed, 2014.

MAHAN, B. H.; MEYERS, R. J. **Química, um curso universitário**. São Paulo: E. Blücher, 1995.

RUSSELL, J. B. **Química geral**. 2. ed. São Paulo: Pearson Makron Books, 1994. 2 v.

SILVA, L. A.; MARTINS, C. R.; ANDRADE, J. B. de. Por que todos os nitratos são solúveis? **Química Nova**, v. 27, n. 6, p. 1016-1020, 2004. Disponível em: <http://static.sites.sbq.org.br/quimicanova.sbq.org.br/pdf/Vol27No6_1016_28-ED03231.pdf>. Acesso em: 12 out. 2022.

THE NOBEL PRIZE. **The Nobel Prize in Chemistry**. Disponível em: <https://www.nobelprize.org/prizes/chemistry/>. Acesso em: 7 out. 2022.

Bibliografia comentada

ATKINS, P.; JONES, L. **Princípios de química**: questionando a vida moderna e o meio ambiente. 5. ed. Porto Alegre: Bookman, 2011.

 Esse livro apresenta a química como algo dinâmico e atual. Concebido como um curso rigoroso de química introdutória, encoraja o(a) leitor(a) a pensar e desenvolver compreensão sólida da química, desafiando-o(-a) a questionar e a obter um nível mais alto de entendimento da matéria. Mostra a relação entre as ideias químicas fundamentais e suas aplicações. Enfatiza as técnicas e aplicações modernas. Inicia com um retrato detalhado do átomo para, a partir daí, construir o conhecimento de maneira lógica, mostrando como resolver problemas, pensar a natureza e a matéria e visualizar conceitos químicos e suas aplicações.

ATKINS, P.; SHRIVER, D. F. **Química inorgânica**. 4. ed. Porto Alegre: Bookman, 2008.

 Trata-se de uma tradução do livro de língua inglesa publicado em 2006. Os autores discorrem sobre os fundamentos, os elementos e seus componentes, e abordam a fronteira da química inorgânica com outras áreas. De modo geral, é uma obra densa, panorâmica e muito bem exemplificada e ilustrada. É um livro que esclarece alguns conceitos não abordados nos tópicos específicos da química inorgânica de coordenação.

LEE, J. D. **Química inorgânica não tão concisa**. 5. ed. São Paulo: E. Blücher, 1999.

 Esse escrito apresenta de maneira clara e concisa os tópicos mais relevantes da química inorgânica, introduzindo conceitos teóricos e aspectos descritivos dos vários blocos de elementos da tabela periódica.

Em razão da riqueza de informações, pode ser considerada uma obra a ser utilizada por estudantes e profissionais, pois proporciona uma fundamentação bastante geral e consistente.

MAHAN, B. H.; MEYERS, R. J. **Química, um curso universitário**. São Paulo: E. Blücher, 1995.

Nesse trabalho, os autores abordam conteúdos gerais da química como uma ciência central. Os fundamentos de química são apresentados em estado da arte, com muita profundidade e riqueza de detalhes, dando mais ênfase ao conteúdo em si do que à necessidade de imagens e ilustrações excessivas.

RUSSELL, J. B. **Química geral**. 2. ed. São Paulo: Pearson Makron Books, 1994. 2 v.

Os dois volumes desta obra abrangem as áreas da química com comentários adicionais e aplicações na indústria. O autor descreve conceitos e oferece, ao final de cada capítulo, resumos e problemas, comentários adicionais, glossário, exemplos e problemas paralelos, além da revisão dos conteúdos dos capítulos.

Respostas

Capítulo 1

Atividades de autoavaliação

1. d
2. a
3. b
4. b
5. e
6. e
7. c
8. a
9. c
10. e

Questões para reflexão

1.
   a) É uma partícula de carga positiva formada por dois prótons e dois nêutrons.
   b) A maioria das partículas α não sofre desvio na trajetória porque o átomo é oco.
   c) As partículas sofrem desvios muito grandes porque encontram o núcleo do átomo (região de alta densidade que apresenta partículas com carga positiva).

2.
   a) Em ordem crescente de número atômico, que é igual ao número de prótons.
   b) Os halogênios são encontrados na família 17 (7A); os metais alcalinos, na família 1 (1A); os metais alcalino-terrosos, na família 2 (2A); os calcogênios, na família 16 (6A); os gases nobres, na família 18 (8A).

Atividades aplicadas: prática

1.
   a) Maleabilidade: capacidade que os metais têm de produzir lâminas e chapas muito finas.
   b) Ductibilidade: se aplicarmos uma pressão adequada em regiões específicas na superfície de um metal, este pode transformar-se em fios e lâminas graças ao deslizamento provocado nas camadas de átomos.
   c) Condutibilidade: os metais são ótimos condutores de corrente elétrica e de calor. Os fios de transmissão elétrica são feitos de alumínio ou cobre, assim como as panelas usadas para cozinhar alimentos. Os metais têm a capacidade de conduzir calor de 10 a 100 vezes mais rápido do que outras substâncias.
   d) Temperatura de fusão e temperatura de ebulição elevadas: o metal tungstênio se funde (derrete) à temperatura de 3.410 °C e entra em ebulição a 4.700 °C.

Capítulo 2

Atividades de autoavaliação

1. d
2. e
3. c
4. d
5. c
6. a
7. e
8. b
9. e
10. e

Questões para reflexão

1.
   a) Polares: fluoreto de hidrogênio (HF), cloreto de hidrogênio (HCl) e água (H_2O). São polares porque o hidrogênio está ligado a elementos muito eletronegativos. Apolares: hidrogênio molecular (H_2), oxigênio molecular (O_2) e metano (CH_4). H_2 e O_2 são apolares pois não há diferença de eletronegatividade nas moléculas. O CH_4 também é apolar porque o número de nuvens eletrônicas é igual ao número de elementos ligados ao átomo central, o carbono.

As moléculas formadas por átomos de elementos químicos diferentes são classificadas como *polares* ou *apolares* de acordo com o número de nuvens eletrônicas e a quantidade de ligantes ao átomo central. A água é polar, já que o átomo central, o oxigênio, tem um par de elétrons desemparelhado, havendo três nuvens eletrônicas e dois ligantes. Assim, a distribuição das cargas é assimétrica, formando polos na molécula. O metano é apolar, pois o átomo central, o carbono, tem o número de ligantes igual ao número de nuvens eletrônicas, fazendo a geometria ser tetraédrica sem polaridade na molécula.

b) Propriedade referente ao átomo: eletronegatividade. As moléculas que são formadas por átomos de apenas um elemento químico são classificadas como *apolares*, pois não há diferença de eletronegatividade. Propriedade referente à molécula: quantidade de nuvens e número de ligantes iguais.

2. A eletronegatividade é a capacidade do átomo de atrair os elétrons. Nas ligações iônicas, que ocorrem entre um metal e um não metal, a diferença de eletronegatividade é grande o suficiente para que o não metal "capture" o elétron do metal, ou seja, há uma transferência do elétron da camada de valência do metal, formando o cátion (íon com carga positiva), para o não metal, formando o ânion (íon com carga negativa).

Atividades aplicadas: prática

1.
   a) A: $1s^2\,2s^2\,2p^6\,3s^2\,3p^6\,4s^2$ (grupo 2A)
      B: $1s^2\,2s^2\,2p^6\,3s^2\,3p^6\,4s^2\,3d^{10}\,4p^5$ (grupo 7A)
   b) A: família 2A, carga = +2
      B: família 7A, carga = –1
      $[A^{2+}B^{-1}] = AB_2$
      Ligação iônica: A é metal e B é ametal.

Capítulo 3

Atividades de autoavaliação

1. e
2. c
3. c
4. d
5. e
6. a
7. a
8. a
9.
   I. e
   II. f
   III. a

IV. c
V. d
VI. b

10. e

Questões para reflexão

1. A produção do café solúvel envolve, basicamente, hidratação (processo de extração) e desidratação (ou secagem).

   A primeira etapa é a imersão do pó de café em água, para que ocorra o processo de extração, que tem por objetivo obter uma mistura concentrada do produto, preservando sabores e aromas do café na fase líquida. A segunda etapa é o processo de secagem do extrato concentrado, que pode ser feita por meio de secagem por congelamento, processo conhecido por *liofilização*, ou de secagem por pulverização ou aspersão.

2. O tratamento da água consiste em: decantação, quando são retiradas partículas sólidas mais densas que a água; filtração, quando são retiradas as partículas sólidas restantes e menos densas; cloração, quando os microrganismos são eliminados; fluoretação em alguns casos, como medida preventiva ao aparecimento de cáries; retorno aos consumidores.

Atividades aplicadas: prática

1.
   a) Duas fases: óleo e água.
   b) Duas fases: água e areia.
   c) Três fases: água, areia e óleo.

Capítulo 4

Atividades de autoavaliação

1. e
2. d
3. d
4. b
5. e
6. a
7.

Substância	Fórmula química	Função química	Aplicação
Ácido fosfórico	(1) H_3PO_4	(2) Ácido	Acidulante em refrigerante, balas e goma de mascar
(3) Óxido de cálcio	CaO	(4) Óxido	Controle da acidez do solo
Fluoreto de sódio	(5) NaF	(6) Sal	Prevenção de cáries
(7) Hidróxido de alumínio	$Al(OH)_3$	(8) Base	Antiácido estomacal

8. e

Questões para reflexão

1. O ácido presente no estômago é o ácido clorídrico, HCl:
$$2\ HCl + Mg(OH)_2 \rightarrow MgCl_2 + 2\ H_2O$$

ou

$$2H^+_{(aq)} + Mg(OH)_{2(s)} \rightarrow Mg^{+2}_{(aq)} + 2\,H_2O$$

Ocorre uma neutralização dos íons H⁺ do ácido pelos íons OH⁻ da base, diminuindo a acidez estomacal:

$$H^+ + OH^- \rightarrow H_2O$$

2. Cerca de 85% dos sais dissolvidos na água do mar são de cloreto de sódio (NaCl), o famoso sal de cozinha; 14% são de outros sais, como sulfato, magnésio, cálcio, potássio e bicarbonato; 1% corresponde a uma infinidade de outros sais.

Atividades aplicadas: prática

1. O cloreto de sódio (sal, substância iônica) e o cloreto de hidrogênio (ácido, substância molecular), quando puros, não conduzem corrente elétrica. No entanto, quando dissolvidos em água, o NaCl sofre dissociação, e o HCl, ionização, gerando os seguintes íons que conduzem corrente elétrica:

$$NaCl \rightarrow Na^{1+} + Cl^{1-}$$

$$HCl \rightarrow H^{1+} + Cl^{1-}$$

2.
   a) Tanto o CaO quanto o $Al_2(SO_4)_3$ são compostos iônicos e podem apresentar ligações iônicas em suas estruturas.
   b) O cálcio é pouco eletronegativo, forma com o oxigênio o óxido de cálcio, CaO, e tem caráter básico; por isso, em água, forma uma base segundo a reação:

$$CaO + H_2O \rightarrow Ca(OH)_2$$

c) Em razão das seguintes reações:
$$CaO + H_2O \rightarrow Ca(OH)_2$$
$$Al_2(SO_4)_3 + 3\,Ca(OH)_2 \rightarrow 2\,Al(OH)_3 + 3\,CaSO_4$$

Capítulo 5

Atividades de autoavaliação

1. d
2. b
3. b
4. d
5. c
6. e
7. e
8. c, a, d, b
9. d

Questões para reflexão

1. O papel de tornassol vermelho se torna azul em contato com soluções ácidas. O papel de tornassol azul se torna vermelho quando em contato com bases. O papel tornassol neutro se torna vermelho em contato com ácidos e azul em contato com bases.

2. Para corrigir o pH do solo, é muito comum a adição de carbonato de cálcio ($CaCO_3$), conhecido como *calcário*, em um processo denominado *calagem*.

Atividades aplicadas: prática

1.

Líquido	pH
Leite	7
Água do mar	8
Refrigerante de cola	3
Café preparado	5
Lágrima	7
Água de lavadeira	12

Capítulo 6

Atividades de autoavaliação

1. a, b, c, c, a, a, d, a, b, b, d
2. c
3. e
4. c
5. d
6. c
7. c
8. b
9. e
10. e

Questões para reflexão

1.
   $x = 214$ g NH_4Cl – reagente em excesso

   $y = 68$ g de NH_3

2. massa = 1,26 t

Atividades aplicadas: prática

196 g H_2SO_4 — 310 g $Ca_3(PO_4)_2$

x kg H_2SO_4 — 1000 kg $Ca_3(PO_4)_2$

310 x = 196000

x = 196000 / 310

x = 632,3 kg ou 0,63 t1 · massa = 0,63 toneladas

Sobre a autora

Vivian Cristina Spier é doutora em Química pela Universidade Federal do Paraná (UFPR), com estágio doutoral na Tulane University, Estados Unidos. Mestre em Ciência e Engenharia de Materiais pela Universidade do Estado de Santa Catarina (Udesc). Graduada em Química pela Universidade Federal de Santa Catarina (UFSC). Fez diversos cursos de especialização na área de polímeros nos Estados Unidos, na Alemanha e no Brasil.

Tem experiência em indústria multinacional como especialista de laboratório químico, prestando suporte à pesquisa e desenvolvimento e ao controle de qualidade de processos e produtos.

Atua como docente desde 2006. Leciona em instituições de ensino superior e do ensino médio. É autora de livros de química voltados para engenharia. Tem vários artigos científicos publicados.

Impressão:
Novembro/2022